新特産シリーズ

タケノコ

栽培・加工から竹材活用まで

野中重之＝著

農文協

はじめに

今、農産物のほとんどが促成栽培施設の普及でいつでも手にはいるいっぽう、四季の変化に富むわが国では、季節の到来を告げる食材が望まれている。「春の使者」タケノコは、里山から春の香りを届けてくれる旬の野菜として欠かせない食材となっている。

もともと物々交換用であったタケノコは、明治初年に政府の地方産業奨励により缶詰製造の研究が始まり、二十一年に和歌山県で初めて缶詰製造が開始された。その後、生産も年々増し、市場での過剰分が缶詰用に製造されるようになる。農家にとって価格が安定した作物として生産に取り組め、貴重な収入源となっていった。

しかし、そのような国内生産に大きな影響を及ぼしてきたのが輸入タケノコである。戦後まもなく中華料理向けに台湾産（マチクなど）の輸入が始まり、昭和五十四年頃まで主流を占めていた。それが国内で缶詰工場の整備が進み、外食産業の急成長にともなってタケノコ消費も大衆化し、五十五年には国内最高の生産量を記録する。筆者も産地の増産技術を追究した。

ところが、国産タケノコだけでは消費量をまかないきれず、商社が和風料理用にモウソウチクの本場である中国から輸入を開始する。国産に引けをとらない水煮缶詰を六十一年頃から量販店に納め、その後の大量輸入につながった。時悪く，国内では平成三年、二回にわたる記録的な台風で産地が壊滅的な竹林被害を受け、農家の生産意欲が減退した。

国産を盛り返すため、筆者らはウラ止めなどの集約管理による収穫・出荷の前進化、客土による高品質化、さらに穂先タケノコの商品化、観光タケノコ園、竹林オーナー制の導入、最近は消費の核家族化と生産者の高齢化に対応した中小形化による収益アップ・省力化を追究してきた。

現在、中国産はイメージ悪化で需要が落ち込み、久々に国内産地が活気づいている。いずれ輸入が回復するまでに、多様な栽培・経営によって国産タケノコの強みを活かし、復活をはかりたいと願っている。ただし、そのためには管理上、毎年伐採される親竹の有効利用も必要不可欠である。多くの地域で対応が求められている放置竹林を、都市住民と一緒になって里山の竹林資源へと再生する試みも始まっている。

本書が、これからもより積極的に、また、これから新たにタケノコ生産に取り組もうとしている人、さらに竹林整備による里山再生に携わる地域住民や行政関係者に、少しでもお役に立てば幸いである。

平成二十二年二月吉日

野中 重之

タケノコ 栽培・加工から竹材活用まで

目次

はじめに…1

第1章 タケノコ栽培の魅力と有利性 9

1．低コスト省力！ 多様化する生産――10
今や数少ない旬の野菜…10
春の味覚を食卓へ、
冬の小形から春の高品質、夏の穂先まで…12
クワとノコ以外、機械も農薬もいらない…13
高齢者・女性向きの省力的な管理方法も…15

2．鮮度を強みに！ 多様化する流通――16
中国からの輸入に負けない国産の新展開…16
掘り上げられてからの
時間が勝負を決める…17
生果は二～三日で、
水煮もその日のうちに…18

3．竹林を「地域おこし」のよりどころに――20
うすき竹宵…20
たけた竹灯籠「竹楽」…22
竹林サミット…23

第2章　生理・生態と栽培のポイント　25

1. 竹の植物としての特徴——26
竹は枯れても、竹林を永続させる地下茎…26
冬期の温度で竹の種類や大きさが決まる…27
葉替わり（竹の秋）から始まる竹の一年…28

2. 地形で変わるタケノコの発生——30
南向きの緩斜面や平坦地ほど早く発生…30
土が密で深い北向きの急斜面ほど高品質…33

3. タケノコ発生のメカニズム——34
地下茎の節についた芽子が肥大し、発生…34
偶数年に葉替わり、奇数年にタケノコ発生…37
親竹につく葉が発生のエネルギーを作る…38

4. 親竹の仕立てで変わる形と量——39
親竹の本数とタケノコの発生量は反比例…39
大きな親竹ほど大きなタケノコを産む…40
ウラ止めでタケノコが早期化・小形化…42

5. 竹林の実態に応じた改良を——44
竹やぶから竹林、タケノコ園への改良…44
早出し栽培、高品質栽培、多収量栽培…45
生産目標を設定し、年々計画的に改良…46

第3章　新しいタケノコ栽培の実際　47

1. 中小形で有利に「早出し栽培」——48
季節を先取りする早期タケノコの栽培…48
芽子を一日でも早く太らせるために…49
❶地形の選択—50

斜面の向き・角度・地形・位置・周囲…50
❷親竹の選択—51
密度一〇〇〜二〇〇本、直径八〜九㎝…51
最盛期七〜一〇日前に発生したものを…53
よい親竹（になるタケノコ）の形状…54
❸ウラ止め—55
発生時期が早まり、中小形が増える…55
ウラ止め作業の適期と効果的な方法…57
❹親竹の配置—59
仕立ては均等でなく、帯状か集団で…59
幅三〜五mで残す「帯状皆伐仕立て」…61
縦六×横六mで残す「集団仕立て」…62
❺老齢竹の伐採—63
芽子を呼びおこし、竹林を更新する…63
五年目の竹（老齢竹）を選んで伐る…64
伐竹の時期とそれぞれの効果・ねらい…66
竹を倒す方向、切り株の割り、筋置き…67
❻施肥管理—68
施肥は親竹の活力を高めるための手助け…68
施肥量とタケノコ発生量は正比例の関係…69
❼保温処理—70
冬期に有機物、ビニールで地表面を覆う…70
マルチ、カーテン、ハウス・トンネル…72
広い皆伐空間、ウラ止め、土作りが前提…74
❽かん水処理—75
水は生長の時期によって働きが異なる…75
降雨が二〇日間程度なければ、かん水…76
2. 単価で勝負する「高品質栽培」——78
採るタケノコから作るタケノコへの転換…78
親竹の密度を高めて土壌の乾燥を防ぐ…78
粘性が強く、礫や小石の少ない土を選ぶ…80
毎年十〜十一月に厚み三〜四㎝の客土を…81

客土効果をさらに高める有機物の補給も…82
客土直前、発生直前、収穫期、夏に施肥…84
かん水の徹底、落ち葉の集積、小面積集約…85
3. 一～二tねらえる「多収量栽培」――86
徹底した疎立仕立てで本数（密度）管理…86
目標収量に応じて施肥も有機物も増やす…87
4. 身体に優しい「掘らない経営」――89
竹林を荒らさない、手間をかけない経営…89
❶観光タケノコ園――90
入園料を徴収、掘り取り分を時価で販売…90
生産者は
貴重な竹資源が有効に利用できる…91
入園者にとって
春の到来が直接感じとれる…92
アクセス、集団化、駐車場、トイレなど…93
多収量栽培を基本に親竹管理、施肥管理…95
❷竹林オーナー制――96
オーナーが利用料を払い、竹林を管理…96
オーナーが安心して作業できる竹林で…98
立案から募集、現地説明会、契約まで…98
❸穂先タケノコ栽培――101
地上に伸ばし、その先端部分を切り取り…101
高齢者・女性も取り組めて、竹林も整理…102
出荷は一カ月間、価格は後半が高くなる…103
ゆがき後、量販店または地元青果市場へ…104
5. 竹やぶから生産林への改良――105
改良中にタケノコが減収しない「択抜法」…105
改良が早く、ウラ止めも容易な「全伐法」…106
6. 竹林がなければ新規に造成――110
隣接地から地下茎を伸長させる「誘導法」…110
竹苗を植えつけて
成林化する「新植法」…111

第4章 収穫から販売、加工・料理まで 113

1. 手際よく収穫・出荷、有利販売——114
「落ち葉処理」でタケノコを探しやすく…114
早く、良質に収穫できる「地割れ掘り」…115
後続のタケノコの肥大や発生も早まる…116
幅が狭く、長い「くわ」で掘り取り…117
出荷箱はタケノコの大きさに応じて…118
地域や時期による消費の動向に留意…120

2. 家庭で手軽にタケノコの加工——121
大量に出るものを長く食べるために…121
塩漬け…121
干しタケノコ…122
ビン詰め…123
缶詰…124
おから漬け…124
粕漬け…125
穂先タケノコの真空パック詰め…126

3. 風味が活かせるタケノコ料理——127
❶ 下ごしらえ—127
甘み・うまみは急減、エグ味は急増…127
米ヌカで四〇分前後ゆでてアク抜き…128
❷ 和風料理—129
タケノコごはん…129
木の芽あえ…130
タケノコの吸い物…131
わかたけ煮…131
❸ 洋風料理—132
穂先タケノコと小えびのドリア…132
穂先タケノコとゆで卵のスープ…133

第5章 副産物「伐竹材」の活用 135

林内に積んだら
タケノコが収穫できない…136

1．そのまま丸竹・割材として利用——137

❶タケノコ生産資材——137
筋置き…137
イノシシ侵入防止柵…138
簡易ハウスの骨材…139

❷竹炭・竹酢液——140
伏せ焼きから炭化炉まで、簡易な炭化法…140
土壌改良、床下調湿、臭い消し、防除に…141

❸加工竹材——143
竹材の割裂性、弾力性、収縮性、中空性…143
積層材、平板、構造材、粉末成形材に…145
適期伐採、乾燥で害虫・カビを防ぐ…146

2．粉砕して堆肥化・飼料化——147
豊富なデンプンやショ糖などが長所に…147
伐竹後、粉砕、積み込み、切り返し…148
竹林内の土着菌を使って発酵を促す…150
竹堆肥で作物の収量・品質がアップ…151
竹を粉砕して肉用牛、肉用鶏の飼料に…153

3．大量需要が見込める新用途——154
国産竹チップを製紙用パルプ原料に…154
繊維を活かし、学校給食用の食器に…155
暖房などのバイオマスエネルギーに…156

付 タケノコ栽培暦…158

第1章

タケノコ栽培の魅力と有利性

リン	鉄	ビタミン A	ビタミン B1	ビタミン B2	ビタミン ダイヤジン	ビタミン C
51	0.4	50	0.10	0.08	0.8	10
26	0.3	0	0.03	0.02	0.2	10
0	0	0	0.18	0.30	1.0	30

1 低コスト省力！ 多様化する生産

春の味覚を食卓へ、今や数少ない旬の野菜

今や日本での農産物の生産は暖房施設を利用し、季節はずれの野菜が主流を占めている。その中で、タケノコは春の到来を告げる貴重な旬の野菜となっている。『古事記』や『日本書紀』に記述が見られるほど食材としての歴史も長く、日本の文化ともいえる。

世界には竹の種類が一二五〇種といわれており、そのうち食用とされる大形の竹種は東アジア地域に多い。そのため、タケノコは和風料理や中華料理として親しまれてきたが、最近では「穂先タケノコ」の生産が始まり、洋風料理としても欠かせない食材となってきている。

「硬い」とか「エグ味が多い」、「栄養が少ない」などといわれてきたタケノコも最近は研究が進み、「折り紙つきの健康食品」「旬のタケノコは万病に効く」などといわれている。タンパク質、脂肪、炭水化物の三大栄養素がキャ

表 01　タケノコの栄養成分（g /100 g）

	カロリー	水分	タンパク	脂肪	糖分	繊維	灰分	カルシウム
タケノコ	23	92.5	2.5	0.2	2.9	1.2	0.7	4
タマネギ	25	93.1	0.6	0.2	5.2	0.5	0.3	14
アスパラ	22	92.7	2.4	0.3	2.4	0.8	1.4	0

香川昇三博士「食品分析表」による

ベツと同程度で、近代病や生活習慣病ともいわれる脳卒中やガンなどの予防に重要な働きをするミネラル類も豊富にバランスよく含まれている（表01、02）。

多様な野菜類の中でもタケノコは植物繊維の代表ともいわれる。豊富な植物繊維は腸の働きを活発にするだけでなく、発ガン物質を吸着する働きが高いことも立証されている（表03）。

表 02　タケノコのミネラル成分

元素名	測定値（mg /100 g）
カリウム	711
リン	110
カルシウム	18.3
マグネシウム	16.3
ナトリウム	5.07
シリコン	5.01
マンガン	3.15
亜鉛	1.44
鉄	0.631
銅	0.173
ゲルマニウム	0.036
クロム	0.028
コバルト	0.017
ニッケル	0.014
セレニウム	0.013
モリブデン	0.006

（株）ミネラル研究所　昭和 59 年

表 03　発ガン物質ヘテロサイクリックアミンの吸着率

試料	吸着率（%）
穂先タケノコ　粉末	85.6 ± 0.5
同凍結乾燥スティック状	78.7 ± 1.2
同熱風乾燥スティック状	39.8 ± 10.2
ゴボウ粉末	79.0 ± 1.2
キャベツ粉末	78.0 ± 2.1

江超和夫ほか：久留米信愛女学院短期大学
日本調理科学会誌第 35 巻第３号

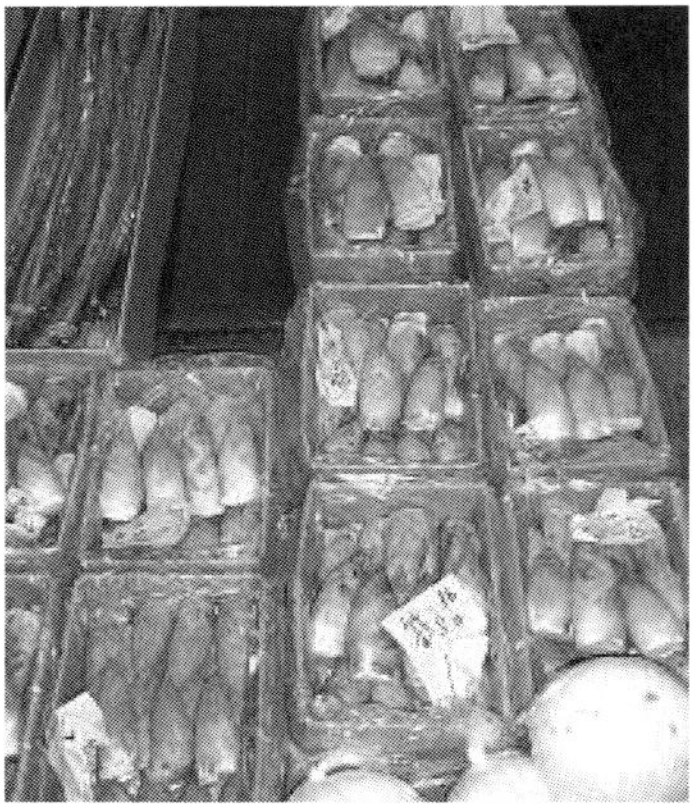

図 01　京都中央青果卸売市場に入荷した早期 のタケノコ

図 02　真空パック詰めされた穂先タケノコ

冬の小形から春の高品質、夏の穂先まで

タケノコの発生は、晩秋から春期にかけての温度が高いほど早くなる。鹿児島県に始まり、サクラ前線を追うかのように九州から四国・関東へ、さらに北上して北陸の石川県でほぼ完了する。この間、同じ地域でも時期によってタケノコの大きさや形状も変化する。

たとえば福岡県八女地域では、少量ながら十二月に出荷が始まり、一〇〇～二〇〇gと小さいが、春の到来を告げる三月には三〇〇～五〇〇gとなり、さらにサクラの満開頃となれば七〇〇～八〇〇g、最盛期となる四月中旬頃には一五〇〇を越すものも見られる。その後は細形になるとともに小形化し、五月上旬に完了する。

収穫されたタケノコの仕向け先や利用の方法も、時

表 04　タケノコ栽培の経営分析（1000kg／10a 収穫）

		金額（円）	算出根拠	適　用
粗収益	タケノコ青果用	226,800	600kg× 378 円= 226,800 円	青果用 60%
	タケノコ加工用	37,820	310kg× 122 円= 37,820 円	加工用 34%
	タケノコ穂先	4,050	90kg× 45 円= 4,050 円	穂先用 6%
	竹材	9,600	40 本× 40kg× 6 円= 9,600 円	竹炭原料販売
	合　計	278,270		
経営費	原材料	17,500	140kg× 125 円= 17,500 円	肥料
	光熱および修繕	2,500	2,500 円	ガソリン・車検・修繕
	償却費	12,000	12,000 円	下刈機・チェンソー・軽トラック
	販売経費	38,556	226,800 円 × 17 % = 38,556 円	出荷資材・市場手数料など
	その他	3,000	3,000 円	被服・部会費・車税など
	合　計	73,556		
収益性	所得	204,714	278,270―73,556 = 204,714 円	粗収益―経営費
	所得率	73.6	204,714 ÷ 278,270 = 73.6%	所得÷粗収益× 100%
	8 時間当たり所得	22,746	(204,714 ÷ 72) × 8 時間= 22,746 円	(所得÷所要労働時間) × 8 時間

平成 21 年 福岡県南Ｙタケノコ部会資料より算出

期によって異なる。発生開始からサクラの満開頃までは皮つきのままで、旬の野菜として青果市場に送られる（図01）。その後、多くのタケノコは保存用として缶詰工場に送られ、加工される。また、一部の地域ではあるが、五月の大型連休頃から穂先タケノコがカマやノコを用いて収穫され、缶詰工場で真空パック詰めの加工が行なわれ、随時スーパーなどの店頭に並べられる（図02）。

約半年にわたるタケノコ発生期間の中で、品質も異なり最高級品といわれる「シロコタケノコ」は、気温が上昇する四月後半から五月にかけて収穫される。

クワとノコ以外、機械も農薬もいらない

今や日本の農業も規模拡大が進み、作物の栽培には何種類もの大型機械が必要になっている。そのような中で、親竹を伐るためのノコ、タケノコを掘るための

クワさえあれば、誰でも、どこででも生産できるのがタケノコ栽培である。これは年間作業の中でもっとも労働が集中する収穫作業の機械化が困難なためである。

タケノコは手掘りに頼らざるをえないので基幹作物としてなじまないが、タケノコ産地に行くと、生産者の多くから「あらゆる作物の中でタケノコが一番おもしろい」という話を小耳にはさむ。実際に経営分析してみると、なるほど納得できる結果が見られる（表04）。

タケノコ栽培は、粗収益が一〇a当たり二五万円程度で、他の農作物と比べ、必ずしも多くはない。しかし、支出は肥料代程度なので、必要経費を差し引いた所得率は七〇％と非常に高い。また、親竹伐採など、収穫以外の管理日数が少なくすむので、一日当たりの労働報酬は二万円と、驚くほどの高収益となっている。

「雨後のタケノコ」ともいわれるように、タケノコは水を多く要求する作物なので、水源が近くにあれば好都合であるが、果樹のような剪定や、常に病害虫に悩まされるようなことがない。竹林の管理も毎年春に新竹用としてのタケノコを残し、秋期に古い竹だけを伐り、この間三回ほどの施肥を行なえばよい。防除のための農薬はいっさい不要で、生産者はもちろんのこと、消費者にも安心・安全な作物である。

高齢者・女性向きの省力的な管理方法も

タケノコ栽培は「重労働だから」といって敬遠されがちだが、高齢者や女性にも可能な、体力に合わせた方法がある。

毎年行なう伐竹作業が重労働となるのは、大きな親竹（一升ビンの大きさ）を立てるからである。中小形の親竹（ビールビンの大きさ）にし、さらにウラ止め（先止め）すれば作業が楽になる。この栽培法によって消費ニーズの高い中小形タケノコ（七〇〇～一五〇〇g）の割合が多くなり、台風被害も軽減できる。

また、竹林経営は所有者みずから収穫・出荷するのが一般的であるが、高齢化あるいは「後継者がいない」「他の農作業で管理できない」などの場合、青果用価格が下落する四月中下旬以降のタケノコを活用する手もある。たとえば、収穫が容易な穂先タケノコ生産への切り替えだけでなく、都市住民との触れ合いの場となる観光タケノコ園との組み合わせなどもある。さらに、やむを得ず竹林を放置しなければならない場合の竹林経営の一つとして、都市住民と一定期間の賃貸借契約を結び、いつでも自由に竹林に入って収穫できるオーナー制度もあり、多くの人々に喜ばれている。

このように竹林は、自分では収穫などの管理ができなくとも、都市住民にとっては「春を満喫できる宝の山」であり、里山の重要な資源となっている。

2 鮮度を強みに！ 多様化する流通

中国からの輸入に負けない国産の新展開

モウソウチクは日本古来の品種でなく、中国からの渡来竹といわれるが、その年代は一七二八年の京都説、一七三六年の鹿児島説などの諸説があり、いずれにしても三〇〇年近い歴史がある。

しかし、タケノコ栽培の歴史は比較的浅い。ほとんどが仏事用などの自家消費であったタケノコは、一八六〇年代（明治初期）頃から物々交換用として利用され始めた。本格的な生産は一八八八年（明治二十一年）の缶詰製造がきっかけとなる。その後、農山村の振興を目的に公布された竹林造成奨励規則などの事業導入で竹林面積も広まった。

これにともない、国内生産量も急速に増加し、経営的な魅力も手伝って、最盛期の一九八〇年（昭和五十五年）には約一七万tにも達した。ところが、この頃からモウソウチクの本場である中国産タケノコが急速に輸入量を拡大し、国産の原料用の価格が最盛期の四分の一にまで下落する。このため、その後の国産タケノコ生産量は減少をたどってきた（図03）。

しかし、「捨てる神あれば拾う神あり」で、消費者の安心・安全を求める機運が急速に高まってきた。

図 03　国内のタケノコ消費量　（林野庁経営課資料より作成）

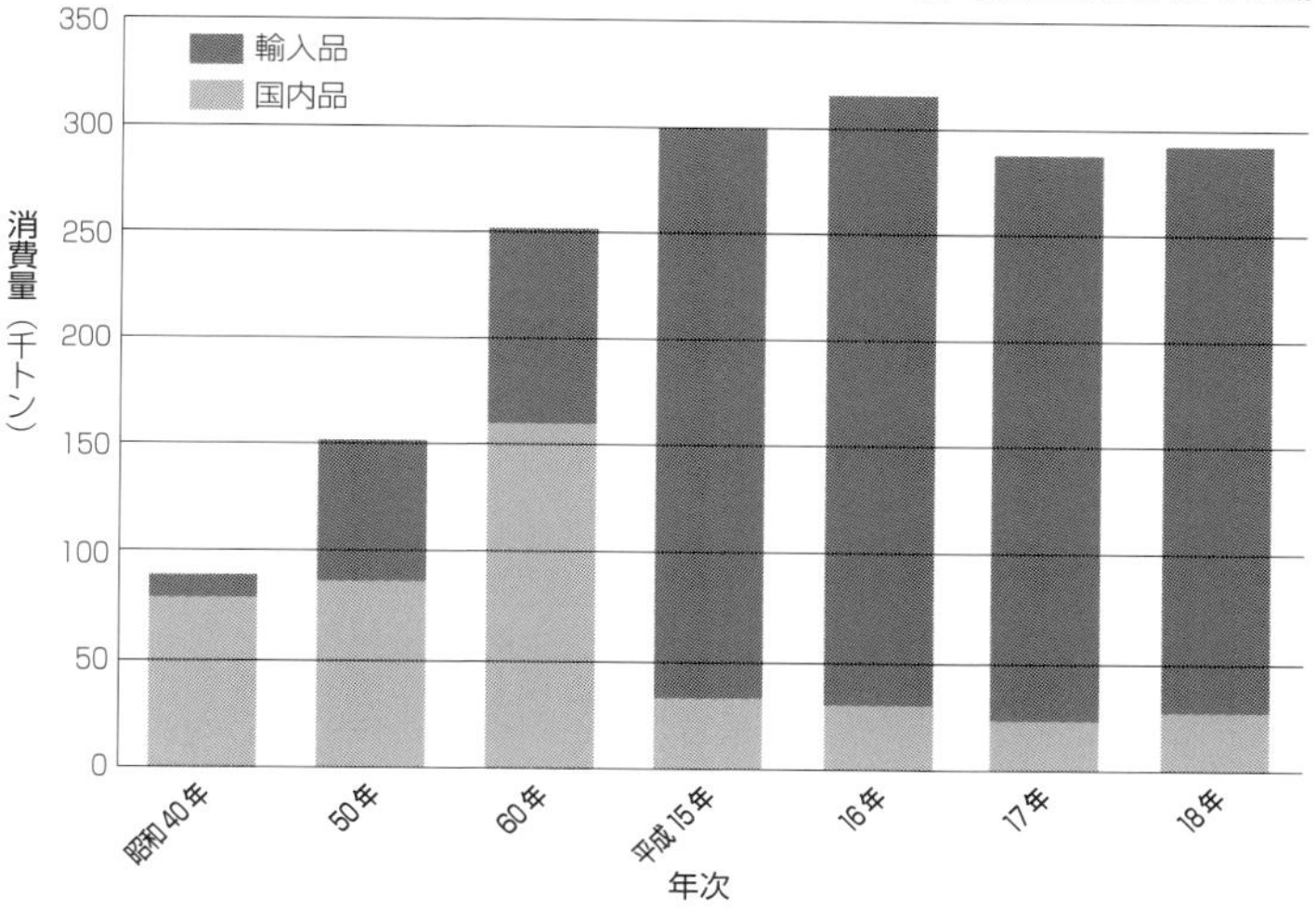

今日では国産タケノコが奪い合いの状態で、タケノコ産地では三〇年ぶりの賑わいを取り戻している。

掘り上げられてからの時間が勝負を決める

これからの国産タケノコは、小家族化が進む中で、消費者が求めている中小形タケノコを新鮮で安心・安全な食材として供給することが、輸入に負けない生産展開といえる。

タケノコは、地中で約半年にわたって生長中のものを収穫する野菜で、「地中から掘り上げられてからの時間との勝負」といわれる。タケノコのおいしさは青果用と加工用とにかかわらず、新鮮さが第一、すなわち収穫から消費者や加工場までの輸送時間が品質を左右する。

中国では広大さゆえに収穫から加工場までの輸

送時間がかかる。日本での市場までの時間（特に青果用）とは比較にならない。しかも、皮つきタケノコの輸入品は、新鮮さを保ってくれる土の付着が税関の関係で水洗いされている。そのため、新鮮さや香りがなく、国産ものに比べ、五分の一程度の価格で取引きされている。

幸い、日本では今や輸送手段が飛躍的に進展しており、この特性を生かすための収穫の時期や仕方、根切りなどの出荷方法を検討すれば、輸入品との差別化やすみ分けが十分に可能である。

生果は二〜三日で、水煮もその日のうちに

タケノコは収穫後、皮つきのまま生果用として、おもに青果市場に行くものと、水煮など加工用として缶詰工場で処理されるものとに区分される。いずれの場合も高温期に向かう四月中旬以降、品質の低下が激しくなるため、鮮度を保つための工夫が施されている。

生果用としてのタケノコは収穫後、主として農協に集荷され、そこで規格・品等区分を行なう。時期ごとに二kg詰め、四kg詰め、一〇kg詰めに箱詰めにされて青果市場に送られ、仲買人によるセリで価格が決まり、消費者に届く。この間の日数は出荷先までの距離で異なるが、おおむね二〜三日間である。最近では、生産者が朝掘りタケノコとして「道の駅」や「農産物販売所」などに直接納入するケースも多くなっている。

しかし、生果用いわゆる皮つきタケノコは、季節感を直接肌で感じ取ることができる反面、共稼ぎ

の多い今日、ゆがき時間あるいは皮の処分がネックになる。昨今は水煮処理されたタケノコへの消費志向が高まる傾向にある。

加工用としてのタケノコは収穫が四月中下旬から始まり、農協に出荷されて重量などを検量後、缶詰工場に持ち込まれる。荷受けされたタケノコは、その日のうちに蒸気釜でボイルされ、一八ℓ缶に密閉し、保存される。水煮タケノコは、大量に消費される学校給食などには一八ℓ缶で、スーパーなどには少量単位で真空パック詰めなどにして出荷される。

3 竹林を「地域おこし」のよりどころに

竹は生活用品だけでなく、見た目の美しさなどを活かして地域の祭り・民俗行事など、さまざまに利用されてきた。しかし、石油製品などにおされて竹の活用が減り、管理されない竹林が至るところで見られるようになっている。そのような中で、竹の節と節間、中空性に着目した竹灯籠など、竹の特性を活かした「地域おこし」の機運も急速に高まっている。

●うすき竹宵

里山の保全と町の賑わいを目的にした比較的、新しいお祭りである（図04）。

大分県でも有数のタケノコ産地である臼杵市では、年に一度、都より長者夫妻のもとへ里帰りする玉絵箱（般若姫）を、里人が竹に火を灯してお迎えする行事が続いていた。この行事に着目した市役所の若手職員や住民などが平成九年、竹にろうそくを灯した竹ぼんぼりを、寺院や武家屋敷が集まる二王座「歴史の道」を中心に設置し、「臼杵竹光芸祭り」を開催した。

当初、約二一〇〇〇人だった来客数は年々増えていき、今では「うすき竹宵」として人口四万三〇〇〇人の臼杵市に、県内外から約九万五〇〇〇人が訪れるまでに賑わっている。

図 04　うすき竹宵（大分県臼杵市）。地域おこしに竹は重要な資源

タケノコの産地であった臼杵市も生産者の高齢化などで竹林が放置されていた。そこで、里山の景観を守るために竹林を整備し、伐竹した竹材を竹ぼんぼりに加工し、これを町に並べたのである。祭りに使った竹ぼんぼりは竹炭になり、さらに来年からは竹堆肥への利用も検討されている。「うすき竹宵」は一石二鳥の循環型イベントである。

●たけた竹灯籠「竹楽《ちくらく》」

大分県竹田市《たけた》は県内でも竹林面積が多く、タケノコの産地である。竹田市も臼杵市と同様に竹林の荒廃が進んでいる地域である。

市民・ボランティアによる「竹楽」は、市の「里山保全百年計画」によって平成十二年から始まったイベントである。滝廉太郎の「荒城の月」で有名な岡城を中心に環境保全と観光振興の融合を目指し、竹と共存する文化を再生するため、開催されている。

「竹楽」では「歴史の道」を中心とした二五〇〇mに、約二万本（当初は三〇〇〇本）の竹灯籠が灯される。滝廉太郎ゆかりの音楽会や、ライトアップされて真紅に映える紅葉狩り、地域の食材を利用した料理なども楽しめる。

「竹楽」も一〇年目を迎え、人口約一万六〇〇〇人の竹田市に、三日間で延べ一一万五〇〇〇人もの来訪者がある。「竹楽」で使用された竹灯籠は春の雛祭りにも利用される。さらに、竹炭にして全国名水百選にもなっている緒方川の浄化にも活用しようという研究も始まっている。

●竹林サミット

福岡県は全国一位のタケノコ生産県である。福岡県でも生産者の高齢化などで管理されない竹林が増加しており、人工林に侵入した竹の除伐事業などを展開している。そのような対策のいっぽうで平成二十年、県内の竹林整備・竹の利活用に取り組む市民団体が自主的に集まり、「竹林サミット」が開催された（24ページ図05）。各地域の連携や情報交換などを図るためである。

平成二十一年の第二回・竹林サミットでは、県内外から二〇〇人以上が参加し、一一団体が各地域での取り組みや研究などを報告した。竹林サミットによって県民の森林・竹林に対する意識が向上し、竹林整備や竹の利活用に関する研究開発の機運が盛り上がっている。

図 05　福岡県竹林サミットでの大型粉砕機の実演

第2章

生理・生態と栽培のポイント

1 竹の植物としての特徴

竹は枯れても、竹林を永続させる地下茎

竹や笹はイネ科植物といわれる。イネ科の中にはイネのように草質で一年生のものもあるため、木質化する多年生の竹はタケ科として区分することもある。

竹や笹は、まれに開花することもある（図06）。その花はイネの花に似ており、種子もつける。開花したら地上部は枯れるが、地下茎の一部が生き残り、数年すれば竹林として復活する。

竹や笹にも寿命があり、稈の大きい種類ほど長い。たとえば国内最大竹のモウソウチクは一〇～一五年程度で枯死する。しかし、竹林は寿命がなく、永続する。これは地下部に地下茎を持っているためである。地下茎も一〇年前後で枯死するが、枯死前に新たな地下茎を分岐し、そこから新たな竹を発生させる。

図06　竹の花

図 07　主要なタケノコ生産県　（平成 17 年産 林野庁業務資料より）

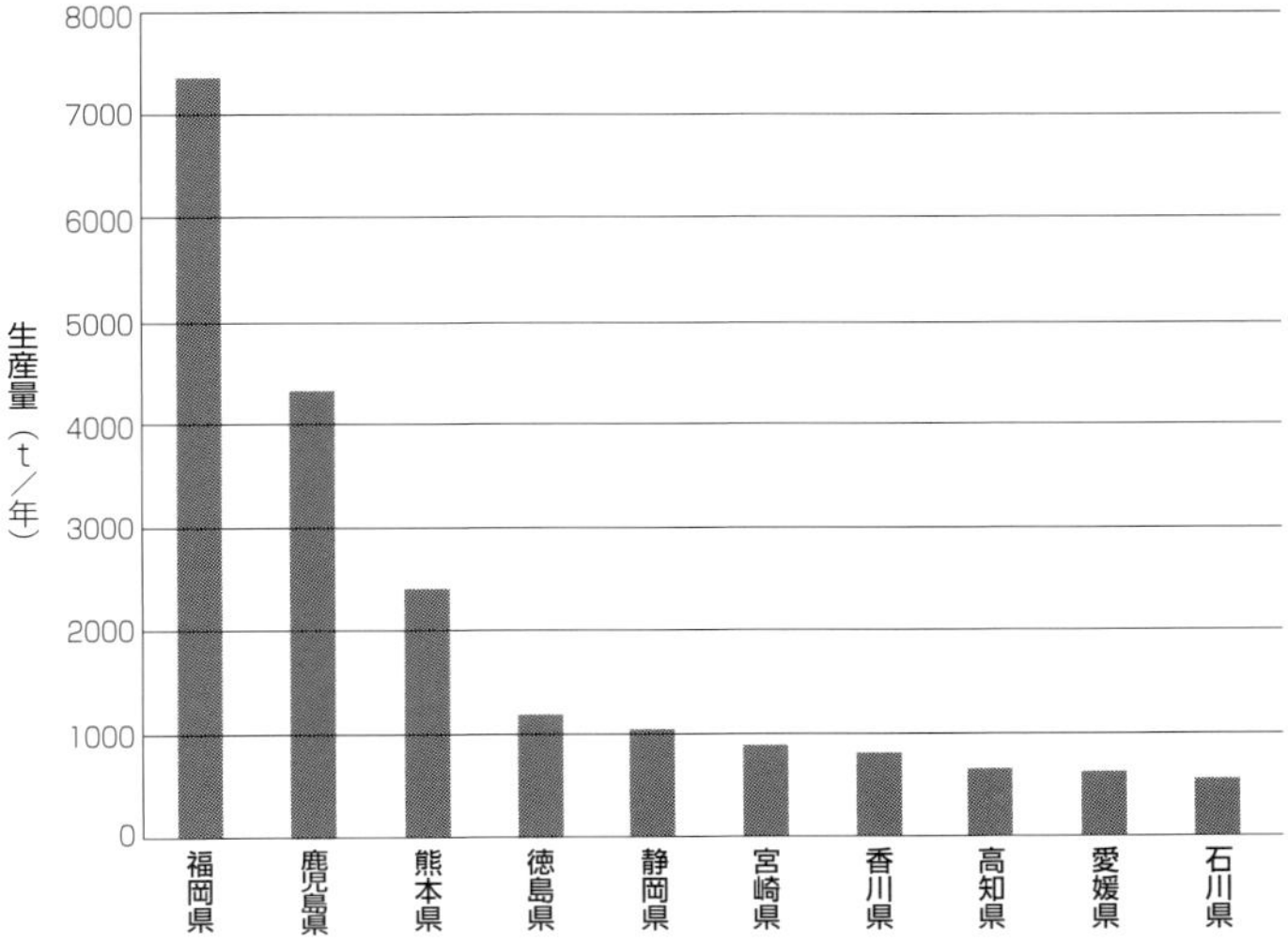

竹の地下茎は重要な器官で、タケノコを発生させ、新たな親竹を育ててくれる。そのように地下茎が働けるのは、親竹が同化作用によって活力源となるデンプンなどを地下茎に還流するからである。両器官が相まって竹林の活力を持続していることになる。

冬期の温度で竹の種類や大きさが決まる

親竹と地下茎が活発に働くか否かは、温暖で十分な降水量があるかで決まる。さらに人為的な条件として、親竹の密度管理や老齢竹の更新（伐竹）、親竹の活力や地下茎の伸長を充実させるための施肥管理などがある。

竹の分布は温度や降水量に大きく左右され、特に冬期の温度が竹の種類や大きさを決める。タケノコの代表竹種であるモウソウチクは高い

図 08　主要竹種のタケノコ発生時期

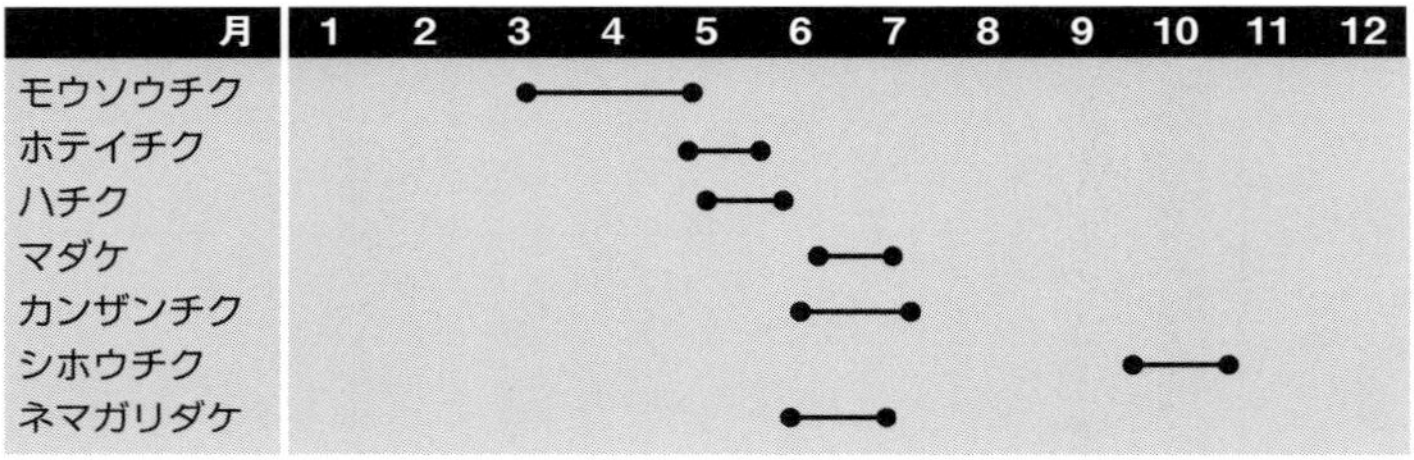

温度を好むが、沖縄県では高すぎて育ちにくい。いっぽう、寒さに意外と弱く、北海道では栽培が厳しい。そのため、モウソウチクのタケノコ生産は温暖多雨な関東以西に産地が多く見られる（図07）。冬期の低温が厳しい関東以北や高山地域になると小径竹種の系統が多く、特にネマガリタケは東北の代表的なタケノコとなっている。

南北に長く温度差の大きい日本列島では多様なタケノコが見られ、食用とされている（図08）。

しかし、食用として栽培されているのはモウソウチク・ハチク・カンザンチク・シホウチクなど数種類であり、多くの竹種は自然からの恵みで収穫されている。亜熱帯に属する台湾では、モウソウチクは標高七〇〇m以上でしか生育できず、これ以下では夏場を中心に発生するリョクチクなどが主要品種となっている。

葉替わり（竹の秋）から始まる竹の一年

竹林は一見、何ら動きがないように見えるものの、詳細に見ると月ごとに変化している（158ページの栽培暦を参照）。親竹と地下茎がこのよ

図 09　親竹用の新竹仕立て

うに動きと働きを変化させるのは、タケノコをたくさん発生させるためであり、これに対応した管理が必要となる。まず、掘り取りせずに残したタケノコ（最盛期の直前に発生したもの）は四〇～五〇日間で伸長が終わり、その後七月上旬頃までには枝葉が充実し、外見上の生長は完了する（図09）。

いっぽう、二年生以上の親竹の中で発生後、偶数年目を迎えた竹は、四月上旬頃から急激に紅葉（竹の秋）が始まる。四月中～下旬いっせいに落葉し、新たな葉は七～九月に旺盛な同化作用で同化養分を作り出す。十月以降は枝葉から稈、さらに地下茎へと同化養分を還流、これが地下茎に蓄えられる。この同化養分がタケノコ発生のエネルギーとなり、一㎝四方もないくらいの芽子（タケノコとなる芽）を肥大させ、地上部に発生させる。

地下部では、タケノコ発生が完了する五月下旬頃から地下茎が伸長を開始し、六～八月に伸長が最大となり、その後は鈍化して十一月に完了する。この間、二年以上の地下茎では八～九月に芽子が形成され、これが徐々に肥大を始める。地表面に近い地下茎からは年内からタケノコが地上部に現れ、翌年四月頃に本格的な発生となる。

2 地形で変わるタケノコの発生

南向きの緩斜面や平坦地ほど早く発生

タケノコの価格を決定する要因は出荷の時期がもっとも大きく、次いで品質や形状といえる（図10、11）。したがってタケノコ栽培では早期出荷か、品質あるいは形状重視かを決めなければならない。そのような生産目的によって地形の選択や竹林管理も異なる。出荷時期を左右する地形要因は竹林の向きや傾斜角度である。早期の出荷割合が高いのは日当りのよい南向きの緩傾斜（おおむね二〇度以下）で、もっとも遅くなるのは北向き急斜面の竹林である。

図 10　青果用タケノコの時期別出荷量と価格（平成 18 年 JA ふくおか八女出荷資料より）

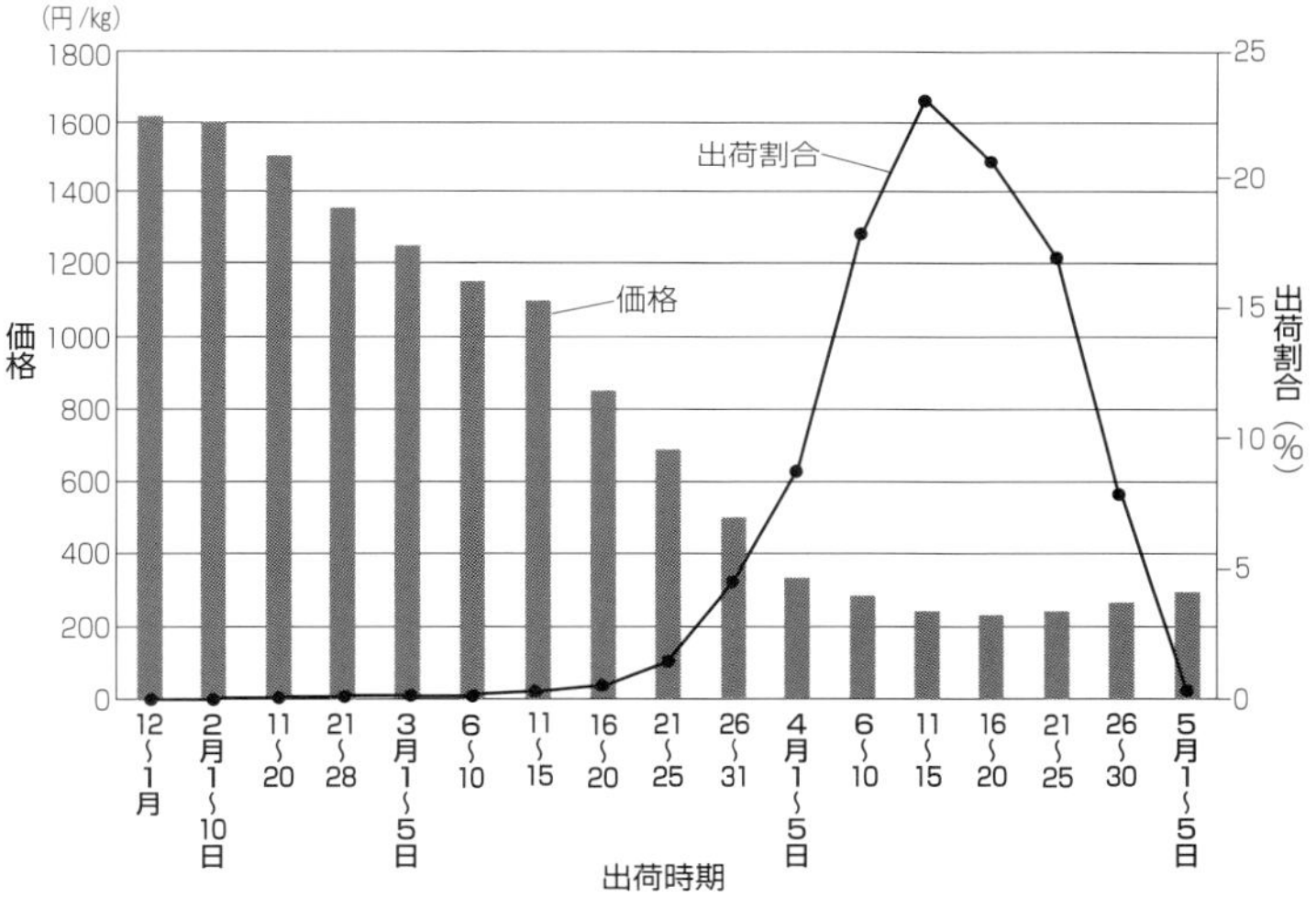

図 11　タケノコの大きさと価格（青果 10kg詰 / 平成 18 年 JA ふくおか八女出荷資料より）

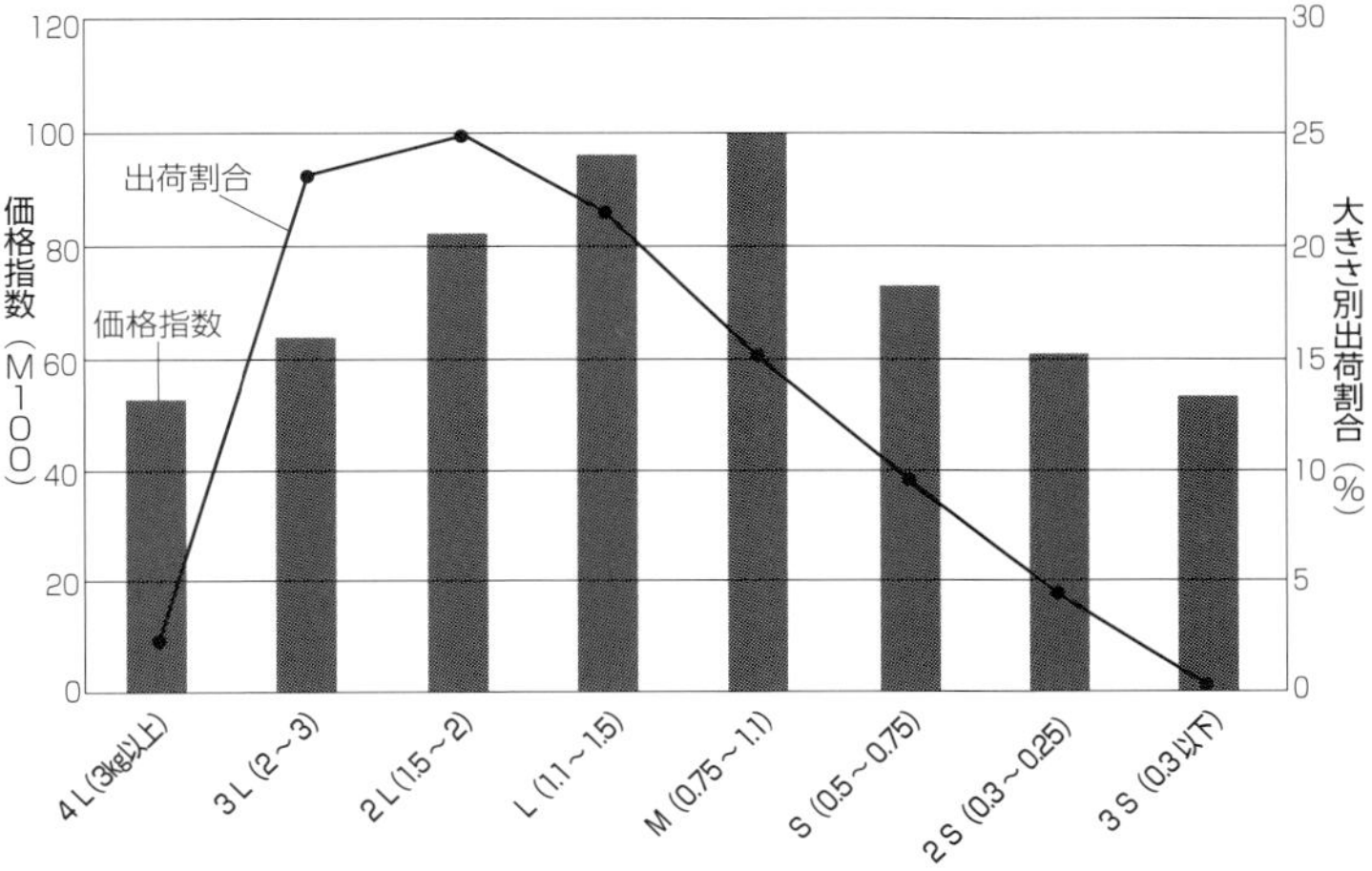

図 12　最早年（平成14年}と最遅年（12 年）でのタケノコ発生パターン

（JA ふくおか八女出荷資料より）

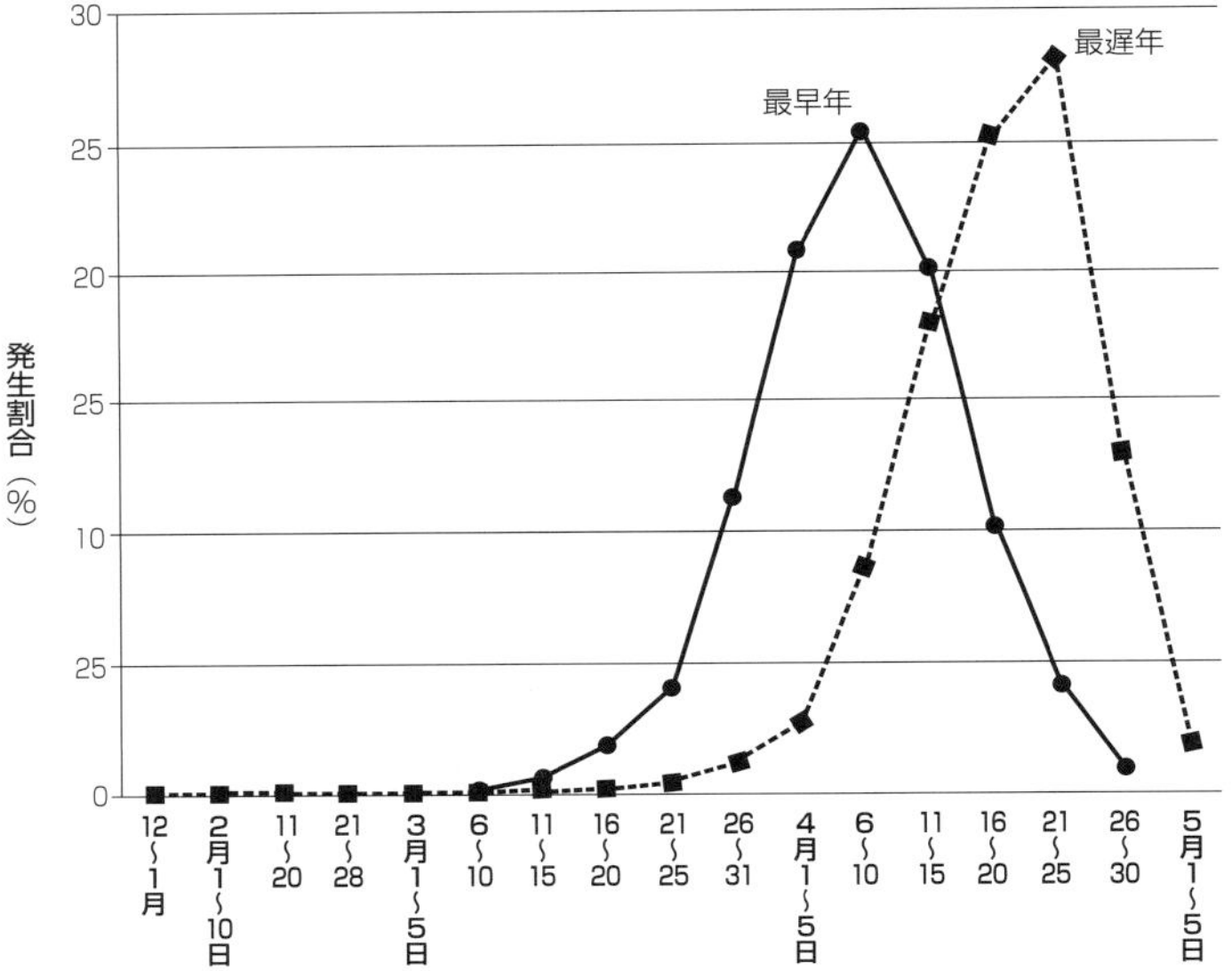

タケノコの発生時期は、冬期を中心として晩秋から早春の温度に左右される。たとえば、福岡県では晩秋からの積算温度が一二五〇～一三〇〇℃（三月中下旬頃）でタケノコが「ぼちぼち発生」、一五〇〇～一五五〇℃（四月中下旬頃）で「発筍最盛期」、一八〇〇～一八五〇℃（五月上旬頃）で「発生終了」となる。

このパターンは暖冬か寒冬かで異なるし（図12）、同じ地域・竹林内でも傾斜の向きや度合いによっても異なる。

出荷計画にあたっては常に温度の推移に注意しなければならない。地温が上昇しやすい南向き斜面では、地温が上がりにくい北向き斜面よりも発筍最盛期の時

図13　シロコ（左）とクロコ（右）のタケノコ

期が五～七日くらい早まっている。傾斜の度合いで発生時期に違いが見られるのは、地下茎の深さに関係している。地下茎は平坦地で浅く、傾斜地になるほど深くなる。このため地温上昇の影響を受けやすい平坦地ほどタケノコの発生が早い。

土が密で深い北向きの急斜面ほど高品質

モウソウチクのタケノコは皮の色で品質を区別することがあり、シロコはクロコよりも価格が高い（図13）。シロコは皮の色が白色もしくは黄白色でやわらかく、エグ味が少ないのに対して、クロコは黒みがかって硬く、エグ味も多い。このような色の違いが見られるのは土壌の色よりも、土の物理性を表す土壌三相（固相・液相・気相）の中の気相、すなわち空気の割合で決まる。空気が少ないとシロコ、多いとクロコタケノコの割合が高まる。

地力が低い粘土質の土壌ではすき間が少ないので気相割合が低く、小石や砂利などが多い土壌ではすき間が多いので気相割合が高い。また、土壌の深いところほど気相割合が低く、表土に近い部分は気相割合が高い。さらに、傾斜の向きや度合いでもタケノコの品質は異なり、北向き急斜面は発生時期が遅れるもののやわらかく、南向き斜面や緩傾斜地では発生時期が早まるものの品質はやや劣る。これは南向きよりも北向きの斜面のほうで湿度が高く、気相割合も低くなるためである。

したがって、高品質タケノコといわれるシロコタケノコを多く生産するには、小石や砂利が少なく、深い土壌で、北向きの竹林のほうが有利といえる。

3 タケノコ発生のメカニズム

地下茎の節についた芽子が肥大し、発生

「竹を伐ることは植えること」といわれる。これは古い竹を伐って新しい竹に更新することで、毎年タケノコ生産が可能になることを示している。また、竹のことを「親竹」とも「母竹」ともいう。

図 14　親竹と地下茎のつながり

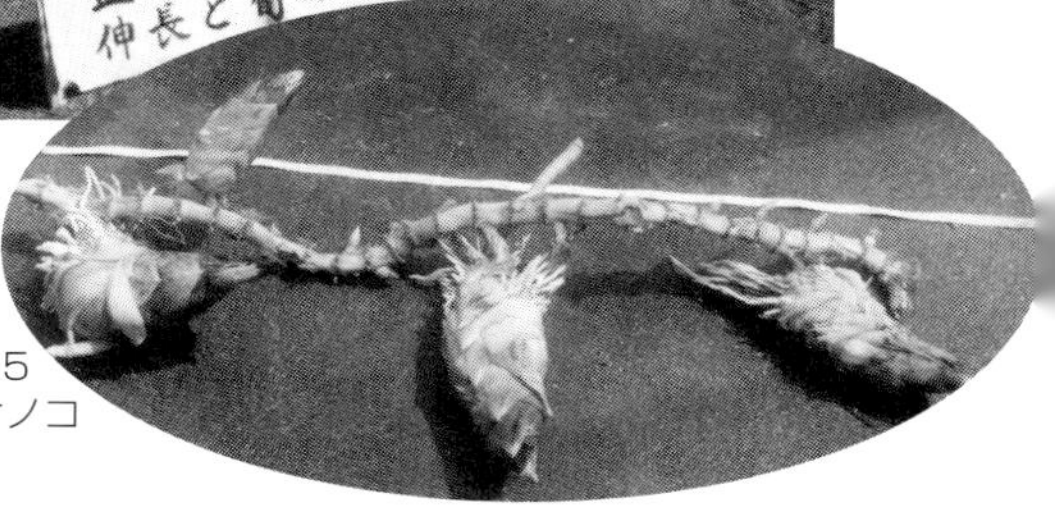

図 15
地下茎とタケノコ

竹は一本の寿命一〇～一五年程度のうち、タケノコを発生させる働きがあるのは五～七年生くらいまでである。

タケノコ発生の母体となる地下茎には約五cm間隔で節がある。これに芽子がつき、タケノコとなって地上部に出たり、地下茎として分岐したりする（図14、15）。地下茎の各節には根が広がっており、地中の水分や養分を吸収して地下茎に送り、さらに親竹に送られる。同化作用に欠かせない重要な器官となっている。

地下茎は、五～一五cmの深さを上下に波打ちながら伸び、一〇年くらい経過した部位から枯死する。先端部がそのまま伸びるもの、切断や傷などの障害を受けて分岐するものなどがあり、総延長は一〇a当たり

図 16　地下茎の年齢とタケノコになる芽の割合　（上田弘一郎「タケノコ」昭和 41 年より作成）

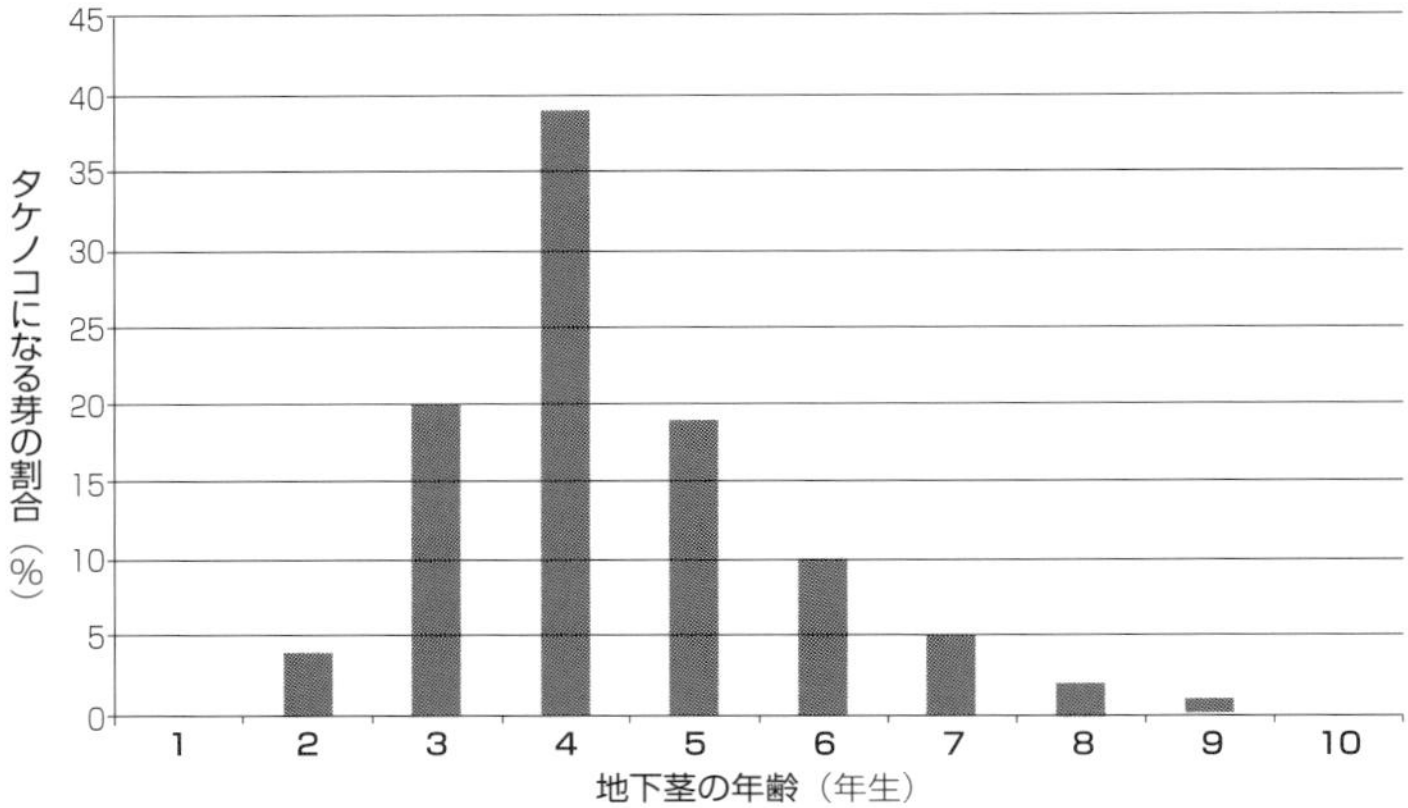

図 17　淡緑色の竹は葉替わり直後、濃緑色の竹は葉替わりなし

二五〇〇〜一万一〇〇〇〇mともいわれる。一年間で伸びる長さはタケノコ生産林で約二m前後、隣接地に侵入するような場合には七〜八mになることもある。

地下茎は、親竹一年目は未熟なためにタケノコが発生しないが、翌二年目から発生が始まり、四年目で最大となり、順次少なくなりながら一〇年目くらいから枯死していく（図16）。地下茎は親竹より二年以上古く、若いほど発生量も多くなるので、伸長期に施肥し、老齢竹を伐竹更新することが重要な作業となる。

偶数年に葉替わり、奇数年にタケノコ発生

モウソウチクは二年に一回、葉替わりし、新しい葉で同化作用を盛んに行なう（図17）。一年生の竹は葉替わりしないまま越年し、翌二年目の四月上旬頃から急激に紅葉を始め、中下旬にいっせいに落葉する。新たな葉によって七〜九月を中心に盛んに同化作用を行なって同化養分を作り出す。十月以降は枝葉から稈、さらに地下茎へと同化養分を還流し、これが地下茎に蓄えられる。

翌三年目の三〜五月、この同化養分がタケノコ発生のエネルギーとなり、一cm四方もない芽子を肥大させ、地上部に発生させる。三年目は葉替わりしないで越年し、四年目を迎えたところで、二年目と同様に二回目の葉替わりをして同化養分を作り出す。五年目は三年目と同じように四年目の同化養分でタケノコを発生させる。

このように竹齢によって動きや働きが異なり、二・四年竹といった偶数年で葉替わりし、これらの養分を受けた三・五年竹といった奇数年でタケノコを発生させる。竹齢による働きを無視して栽培すると、表年（豊作年）と裏年（凶作年）の差が大きくなり、収入にも大きく影響する。

親竹につく葉が発生のエネルギーを作る

モウソウチク一本の親竹につく葉の量は、竹稈の大きさやウラ止め（42、55ページ参照）の有無などで異なるが、おおむね二万～八万枚といわれている。葉は同化作用を行ない、タケノコ発生のような繁殖や、稈の生長に必要な養分を作り出す重要な器官である。したがって、葉の働きが新竹の形状やタケノコあるいは竹材の生産に影響する。

親竹の葉色を見ればタケノコの発生量が多いか少ないかが判別できる。葉の働きを発揮させるには濃緑色になっていなければならない。そのためには地中の水分や養分が豊富となるような肥培管理、親竹一本一本の最下枝にも太陽光線が届くような本数管理が求められる。

４ 親竹の仕立てで変わる形と量

親竹の本数とタケノコの発生量は反比例

タケノコ栽培の管理を大別すると親竹管理、施肥管理、その他の管理になる。親竹管理の中でもタケノコの量や形状、発生時期などに関係する重要なポイントは、親竹の密度、大きさ、ウラ止めの有無や仕方である。

「親竹の本数が多いほど、タケノコ発生量も多くなる」と勘違いしている人もいるが、親竹の本数とタケノコ発生量は反比例している（図18）。タケノコ生産を目的とする竹林の親竹密度は、早出しや高品質タケノコ生産などの目標で異なるが、一般的に一〇a当たり約二五〇本である（図19）。

図 18　親竹の密度と発筍量（福岡県竹林品評会）

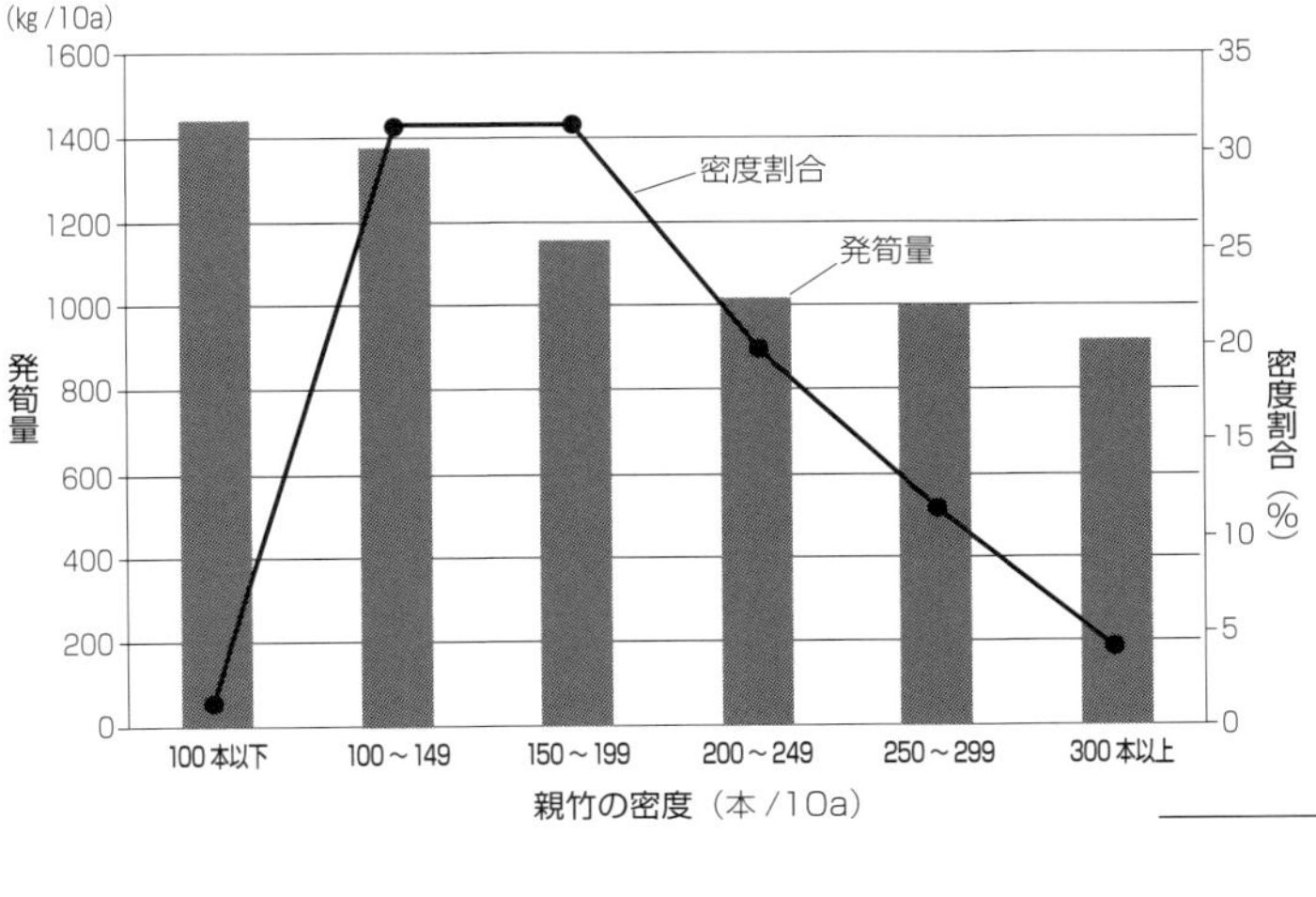

図19　標準的な密度の竹林

親竹密度が高くなれば、親竹一本一本に太陽光線が十分に当たらず、下枝の数段が枯れ枝となり、それだけ親竹の同化作用の働きも減少する。いっぽう、地下部では養分や水分の奪い合いとなり、タケノコを生産する力が減退する。

これらのことから、タケノコ生産を目的とする竹林は、親竹が一本一本の最下枝から濃緑の葉を十分につけるような密度でなければならない。これが一〇a当たり約二五〇本である。

なお、竹材生産を目的とする場合は、タケノコ生産と異なり、四〇〇本程度の密度にする。それによって稈が通直となり、さらに親竹同士の競争で竹稈長も伸び、有利に販売できる。

大きな親竹ほど大きなタケノコを産む

親竹の大きさの目安は、目通り直径（地上約一五〇cm部位）で約一〇cm程度である（図20）。親竹

図 20　親竹の大きさの現状（福岡県竹林品評会、平成 11 ～ 20 年平均、147 カ所）

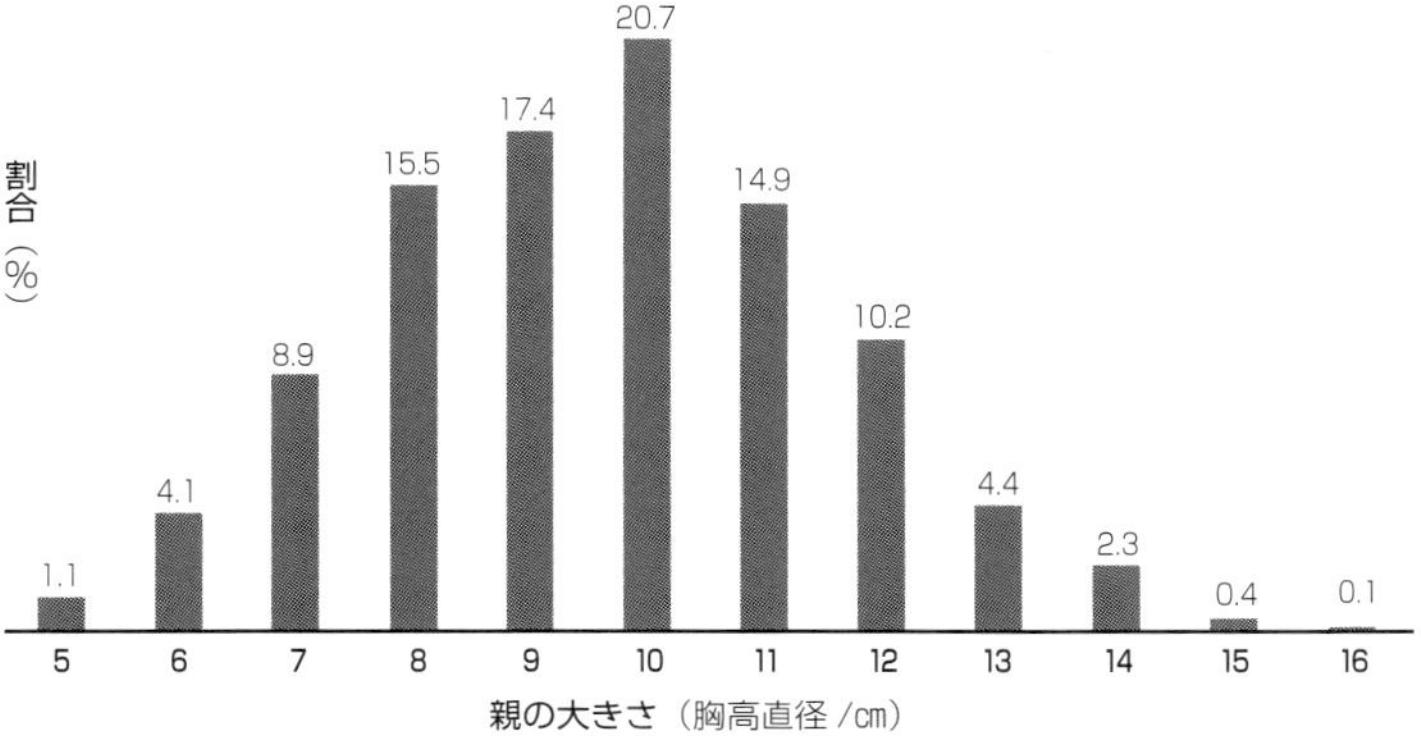

の大きさとタケノコの大きさには深い関係があり、大きな親竹ほど大きなタケノコを産む。これは親竹が大きいほど地下茎も太くなり、太い地下茎ほど大きな芽子がつくからである。

親竹の大きさを左右する要因として、地形的要因と親竹の仕立て方がある。地形的要因には、地力や竹林の向き、斜面の位置や傾斜角度などとともに有機物や水分の多少がある。親竹は、谷合部に近い適潤で有機物の多い北向きの急斜面で大きくなり、乾燥しやすい南向きの傾斜上部で小さくなる傾向がある。

親竹の大きさは仕立ての時期や、親竹用に残すタケノコの大きさにも左右される。タケノコの大きさは、シーズン全体では約一〇〇〇g程度であるが、発生当初の一〇〇～二〇〇gが最盛期頃に九〇〇g前後となり、その後は小形化していく（図21）。したがって、最盛期頃のタケノコを親竹用として仕立てれば、大きな親竹となる。

図21　タケノコの形状変化

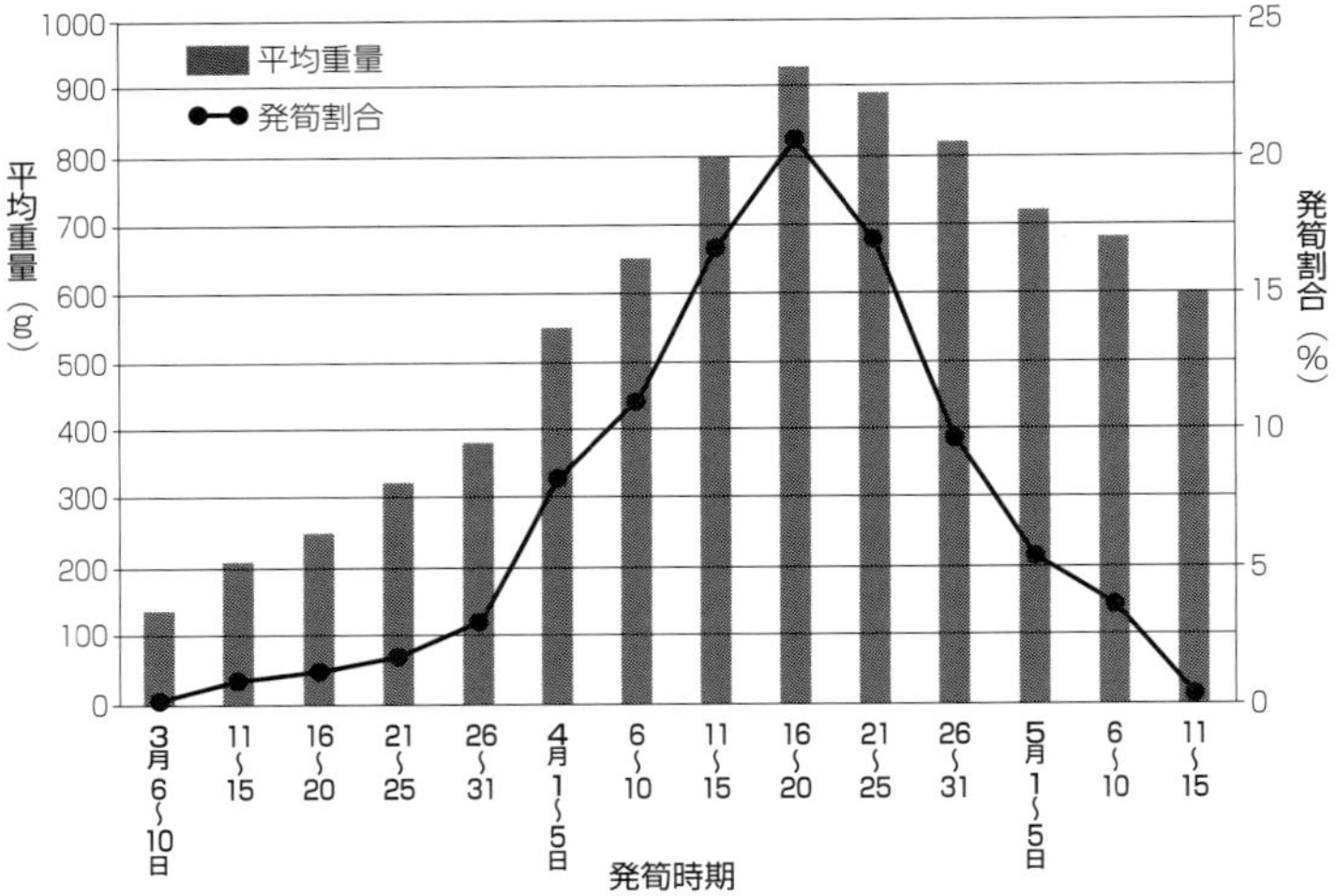

ウラ止めでタケノコが早期化・小形化

ウラ止めとは、タケノコから竹への移行中に先端部を切ったり揺すり落とすことで、梢止め・梢切り・スエドメ・ウラギリなどともいわれている（図22）。タケノコ生産上、絶対に必要な管理ではないが、タケノコ発生の量や形状を改善し、台風被害や伐竹作業を軽減するなどの効果があり、京都地方では通常に行なわれている。

通常の親竹の竹稈高は一三m前後、枝も三五～四〇段数あるのに対して、ウラ止めした親竹の形状は、竹稈高で七～八m、枝も約一五段数と一変する。ウラ止めは親竹にとって大きなショックとなり、多くの芽子を目覚めさせる。タケノコ発生数が増えることにより、一個一個の形状がやや中小形化する。

ウラ止めしない親竹は、葉の重みで先端部が大きく曲がり（図23）、地面への太陽光線の入射が悪く、地温が上がりにくい。いっぽう、ウラ止め竹は先端部位を落としていることから通直なため、入射率がよく、地温が上がりやすく、早期のタケノコ発生割合も多くなる。

図 22　ウラ止めされた竹林

図 23　葉の重みで先端が曲がっているウラ止めしていない竹

5 竹林の実態に応じた改良を

竹やぶから竹林、タケノコ園への改良

タケノコを生産する竹林の呼び名「竹やぶ」「竹林」「タケノコ園（畑）」は管理状態の違いを示す言葉である。

［竹やぶ］　長年にわたって放置されている竹林である。枯竹、生竹が混在し、密度も一〇a当たり五〇〇〇本以上もあり、タケノコ発生数が著しく少なく、表年と裏年が明瞭なのが特徴である（図24）。この状態ではタケノコの掘り取り作業も困難で、経営的にもまったく妙味がないので改良を要する。

［竹林］　親竹本数を二〇〇〇～三〇〇〇本に改良し、計画的な施肥や伐竹も行なわれる。生産量が毎年安定し、経営的に頼れる状態の竹林を意味している（40ページ図19参照）。

図24　竹やぶ状態の竹林

【タケノコ園】「竹林」より高い品質の割合を高めるために敷きワラ＋客土（土入れ）、あるいは早期タケノコを地割れで収穫できるように落ち葉を集積した竹林などである。

タケノコを生産するには竹やぶから竹林、タケノコ園へと改良するが、まず、それぞれの栽培環境に応じて生産目標を立てる。

早出し栽培、高品質栽培、多収量栽培

タケノコ生産の目標は、早期の出荷率を高める早出し栽培、客土より柔らかくてエグ味の少ない高単価タケノコを目指す高品質栽培、単位面積当たりの収穫量の増産を目指す多収量栽培に大別できる。

それぞれの環境要因は次の通りである。

【早出し栽培】 竹林の傾斜の向きがもっとも大きいポイントである。日射時間が長い南面を中心として南東向きや南西向き、さらに傾斜角度では二〇度以下の緩斜面、管理中に散水を要することから水源に恵まれていることなどが適地といえる。

【高品質栽培】 紡錘形で、皮の色とイボ（根になる部分 33ページ図13参照）が白色のタケノコ、もしくは淡黄色から薄黄褐色で穂先も黄色のタケノコを指し、土質がポイントとなる。砂利や小石などが少なく粘性がかった土壌で、客土用としても確保できる竹林が望ましい。さらに、タケノコ肥大期の土壌の乾きが品質の低下を招くので北向きを中心とし、客土作業が容易な緩斜面から平地の地形が

適地といえる。

【多収量栽培】　土壌の乾燥が少なく肥沃地であること、多量収穫の面から掘り取り作業が容易な二〇～三〇度斜面、親竹の本数を少なくすることから台風被害の少ないところなどが適地といえる。

生産目標を設定し、年々計画的に改良

栽培環境に応じて早出し栽培、高品質栽培（軟白栽培）、多収量栽培と、タケノコ生産の目標が決定したならば、目標に向かってタケノコ園へと一挙に改良する場合と、二～三年かけて改良する場合があり、それぞれに一長一短がある。

一挙に改良する場合、目標とする竹林は早く出来上がるが、タケノコ発生量が一時的に減少したり、気象害、特に台風被害を受けやすいなどのデメリットがある。

これに対して二～三年かけて改良する場合、目標とする竹林までに年数を要する半面、その間のタケノコ発生量に大きな変化がないために収入を得ることもでき、台風被害も受けにくいなどのメリットがある。

いずれの場合にも目標ごとの親竹密度を決め、これに沿った本数の新親竹を仕立て、それとほぼ同数の老齢竹を伐採（更新）するなど、年々計画的な改良が必要である。

第3章

新しいタケノコ栽培の実際

1 中小形で有利に「早出し栽培」

季節を先取りする早期タケノコの栽培

国内のタケノコ栽培は、年間を通して大量の需要があった外食産業向けの缶詰原料の出荷を中心に行なわれてきた。しかし、今日では中国からの輸入タケノコ缶詰が国内消費量の約九割を占め、国産物は旬の野菜として青果用もしくは半水煮用が求められている。青果用では核家族化や消費の多様化などで、大形から中小形（五〇〇～一五〇〇g）へ、季節を先取りする早期タケノコへの需要が高まっており、これらに対応した栽培法が求められている。

タケノコ栽培で収益性を左右するもっとも大きな要因は、高単価のタケノコ生産の割合を高めることといっても過言ではない。高単価なタケノコとは、二～三月出荷の早期タケノコと、出荷時期はさほど早くないもののシロコタケノコなどやわらかくてエグ味の少ない高品質タケノコで、毎年安定して取引きされる。

多くの野菜や果樹では施設を利用しての早期出荷が可能であるが、タケノコの場合には複雑な山地地形での栽培であり、さらに、高い竹稈高で施設内の栽培が困難なため、早期の出荷割合を高めるのが容易でない。それだけに地形選択、親竹管理、施肥管理、保温処理、徹底した探し掘りなどを体系化すれば、早期率（三月までの出荷割合／全収穫量）が高まり、高単価の販売が可能となる。

芽子を一日でも早く太らせるために

タケノコ発生には、タケノコの元となる芽子の形成が必要である。この形成時期は八～九月で、この時期の降水量が多ければ、たくさんの芽子が形成される。芽子は約半年をかけて地中で徐々に肥大し、翌春の気温が一二～一三℃となった頃に地表面に発生する。したがって、芽子形成以降の温度がタケノコの発生時期を左右し、特に冬期を中心とした温度に大きく左右されるために暖かい地域（箇所）ほど発生が早い。

地中で形成された芽子を一日でも早く太らせ、地表面にタケノコとして発生させるためには、地温が上がりやすい地形の選択、親竹の管理、保温処理、タケノコの肥大や増産のための施肥やかん水処理、発生を早めるための収穫法など、これらを体系的に組み合わせなければならない。

早出しの要因を体系化すると、地形の選択（傾斜向き・傾斜角度・風当たりなど）、親竹管理（密度・大きさ・仕立て時期・親竹の配置、ウラ止めなど）、施肥管理（種類・時期・回数など）、保温処理（ビニール資材の利用、有機物の併用、保温期間など）、かん水処理（時期・量・方法など）、収穫（早期・地割れなど探し掘り）である。

❶ 地形の選択

斜面の向き・角度・地形・位置・周囲

地形的にタケノコの発生が早いか遅いかは、地表面に太陽光線がよく当たるか否か、地中の温もりが逃げるか否かなどで決定される。そのため、早出しに適した地形は日当たりの指標となる傾斜向き、地下茎の深さを左右する傾斜角度、気温（地温）の低下を招かない地形、一日の太陽光線を受ける時間を左右する斜面位置や前面の山の高さなどが重要な要因となる。

［傾斜向き］ 地温が上がりやすいのは南向き↓東向き↓西向き↓北向き斜面の順となる。しかし、同じ傾斜向きでも傾斜角度によって地下茎の深さが異なり、発生時期に違いが出てくる。

［傾斜角度］ 傾斜が緩いほど地下茎の位置は浅くなる傾向がある。このことからタケノコが早く発生するのは、平坦地↓緩傾斜地↓急傾斜地の順となる。

［風の吹き抜け］ 山地の地形には凹形・凸形などがある。凹形では風の吹き抜けが少なく、陽だまりとなり、温度の低下が少ない。また、竹林周辺に背丈の低い防風林のようなものがあれば、これが風止めの役割を果たし、地温の低下が少ない。

［太陽光線を受ける時間］ 竹林の前面に高い山がなければ、太陽光線を受ける時間も長く、地温上昇の効果を受けやすい。

❷親竹の選択

密度一〇〇～二〇〇本、直径八～九cm

高品質タケノコ栽培でも同じだが、親竹管理の基本要因は密度、新竹の仕立て時期、大きさ、伐竹本数および伐竹齢などである。さらに積極的な早出し栽培では、ビニールマルチなどの保温処理を行なう。この場合、竹林内への入射率を高めるためにウラ止めの導入が効果的である。ウラ止め竹林での親竹は、通常の均等仕立てのほかに帯状皆伐仕立てや集団仕立て（59～63ページ参照）も可能となり、保温処理効果を高め、早期出荷が期待できる。

親竹の本数が少ないほど相対照度は高まり、林内地表面までの太陽光線がよく届き、地温が上昇して早期発生となる。「親竹の本数と発生量は反比例する」ことから、発生量も多くなる。これらのことから、一〇a当たり一〇〇～一五〇本程度の疎立仕立てのほうが、三〇〇本以上の密仕立てよりもタケノコの発生が早くなる。親竹密度別の新竹仕立て本数、伐竹本数を示しておく（表05）。

表 05　生産目標と親竹本数（10a 当たり）

密度（本）	新竹・老齢伐竹（本）	目的	発生特性
100 〜 150	20 〜 30	早出し	小形、数多い、早期から発生
150 〜 250	30 〜 50	量　産	中形、数やや多い、やや早い
250 〜 350	50 〜 70	高品質	やや大形、数やや少ない、やや遅い

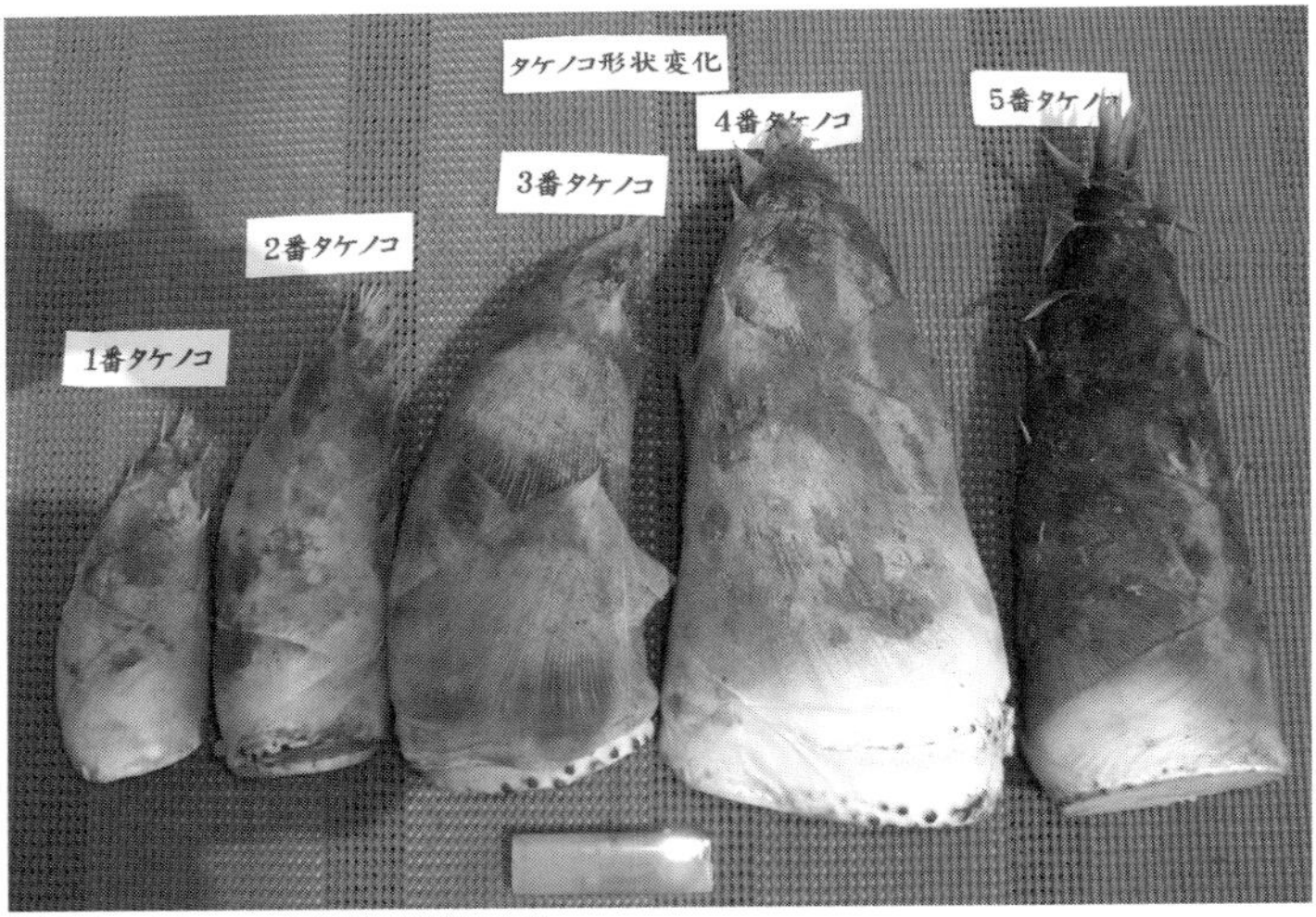

図 25　タケノコの時期別形状変化

早期タケノコは表土に近い、浅い地下茎からより多く発生する。「大きい親竹ほど地下茎が深くなる」傾向が見られることから、タケノコの発生も小さい親竹ほど早まる。通常見られるタケノコ生産林の親竹の目通り直径は一〇cmくらいが平均的であるが、早出しを目的とする場合、地下茎の深さとの関係から八〜九cmくらいを理想とする。一二cm以上の大きな竹は、ウラ止め作業や伐竹作業に支障をきたすなど、デメリットが多い。

図26　タケノコの高さと地際直径から、親竹になったときの大きさ（胸高直径）を予測する方式

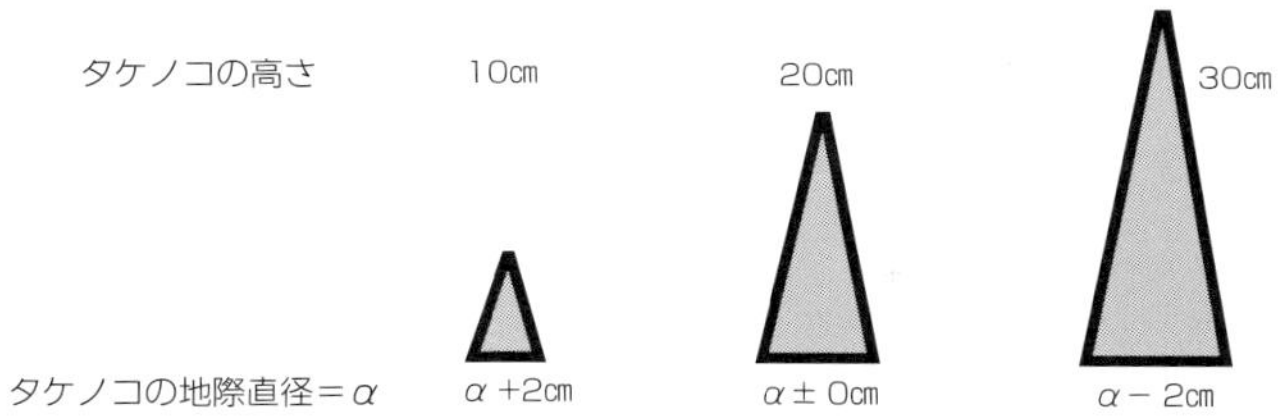

たとえばタケノコの高さが30cm、地際直径が10cmの場合、親竹になったときの胸高直径は10cm－2cm＝8cmと予測できる

最盛期七〜一〇日前に発生したものを

タケノコの発生期間は、おおよそ三月中下旬〜五月上旬で、この間タケノコの大きさや深さ、活力などが異なる。最初は小形で、やや活力の弱い浅い地下茎から始まり、その後は順次、大きさや発生本数、深さが増してくる。四月中旬頃になると最大の大きさに達し、活力も高いが地下茎の位置も深くなる。最盛期をすぎれば深い位置からの発生となり、形状は細形となって活力も低い（図25）。

このような時期によるタケノコの変化の中で、新親竹を毎年仕立てなければならない。早出しするうえでの理想的な親竹は、地下茎の位置があまり深くなく、活力があり、八〜九cm程度の中径竹が望ましい。それでは、親竹となったときの大きさを、どのようにしてタケノコの時点で予測するか？　長年栽培している人は経験で決定しているが、式を用いれば容易に誰でも予測ができる（図26）。

八～九cm程度の中径竹を仕立てる時期は、最盛期より七～一〇日前に発生するタケノコである。たとえば四月二十日が最盛期とすれば四月十～十三日頃に発生したタケノコを新竹用に残さなければならない。なお、この仕立て時期は、温度条件が地域によって異なり、また年によっても変動するので、目安である。

よい親竹（になるタケノコ）の形状

よい親竹の形状は「最下枝が幹長の約三分の一部位あたりから発生している」「枝葉がたくさんついている」「幹の細りが緩やかである」「幹の表面が滑々状である」「長枝・短枝と二本出ているメス竹である」ものである。これらの竹は若い地下茎から発生したもので活力があり、タケノコを多く発生させる。

親竹の良し悪しを判断する一つとしてオス竹・メス竹がある。これは最下の枝が一本出ているものをオス竹、二本出ているものをメス竹と称し、親竹としてはメス竹がよい。メス竹は発生最盛期より前に発生したタケノコ

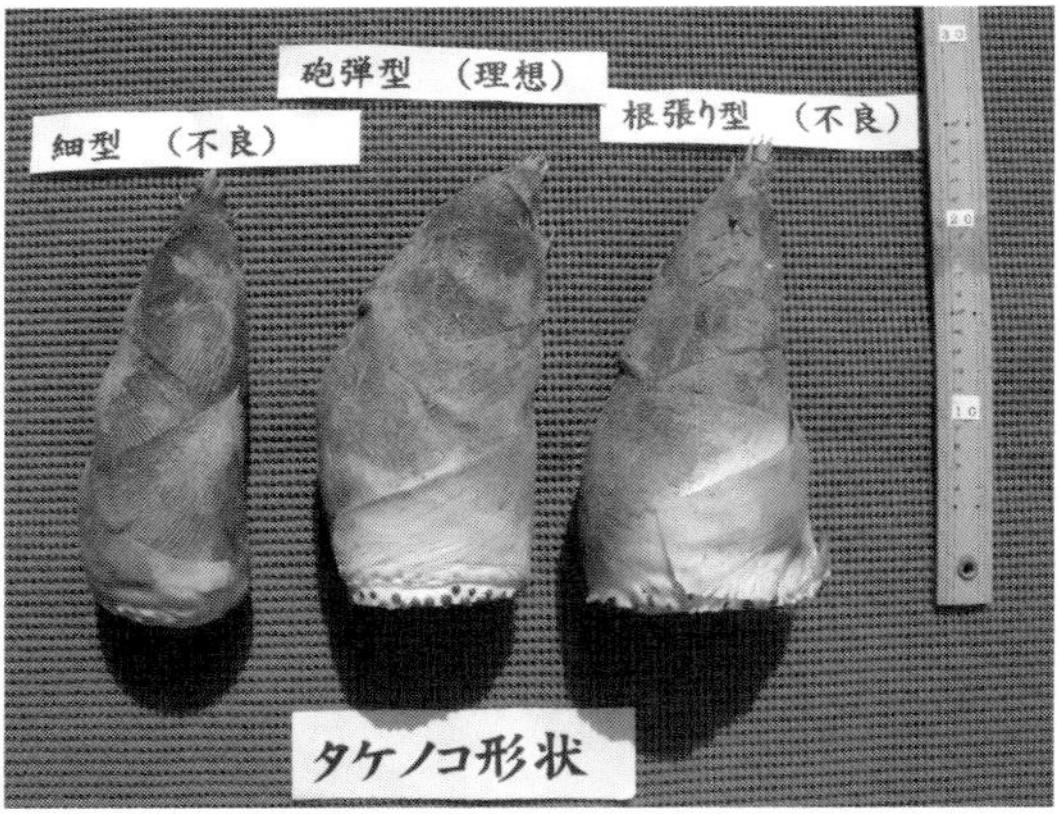

図 27　親竹用としてよいタケノコ、よくないタケノコ

に多く見られ、活力が高いのでよい親竹となり、オス竹は発生最盛期より遅く発生し、地下茎も古いのでよい親竹になりにくい。

なお、よい親竹を選ぶのはタケノコのときであり、その形状を見極めなければならない（図27）。「タケノコの形が紡錘形である」「先端の穂先がやや曲がっている」「小葉がやや開いている」「肩毛や皮が黄色味を帯びている」ものなどがよい。これらを備えたタケノコは、発生最盛期よりも約一週間前頃に発生することが多いので、この時期のタケノコを選び、掘り取らずに親竹用として残す。

❸ウラ止め

発生時期が早まり、中小形が増える

ウラ止めとは、タケノコから竹への伸長途上、幼枝が出かかった頃に先端部位を揺すって落としたり、カマなどで切断するなどして、成竹の高さを制限することである。缶詰原料を主たる出荷先としていた頃は、早期出荷よりも単位面積当たり一本でも、一kgでも多く生産する、いわゆる多収量型栽培であった。しかし、量よりも早期・良質を目指す現在の竹林管理では、ぜひとも導入したい作業がウラ止めである。ウラ止めには次のようなメリットがある。

【発生時期を早める】 親竹の高さは胸高直径の約一三〇倍あり、一〇cmの竹であれば一二〜一四mもある。施肥すればするほど先端が曲がり（43ページ図23参照）、地表面への光線投射を妨げ地温が上がらなくなる。ウラ止めによって先端の曲がりや枝数が少なくなり（43ページ図22参照）、光線が地表面までよく届き、地温が上がり、タケノコの発生が早まる。

【発生個数が増える】 親竹や地下茎は、その一部に障害を受けると、さまざまな反応を示す。たとえば収穫時に地下茎を切ったり、傷を受けるなどすると、近くの芽が地下茎に分岐する。親竹の先端をウラ止めすると、その刺激による芽子の目覚めでタケノコ発生個数が増え、中小形規格が多くなるなど、商品性も高まる。

【気象害を軽減する】 竹は一二〜一四mもの高さがあり、しかも中空のために台風による揺れや雪の重みによる稈の曲がり、割れ・折れなどの気象害を受けやすい。これらの被害は、タケノコ発生に大きなダメージとなるために、この対策としてもウラ止めが行なわれる。

【伐竹など作業の軽減】 通常の親竹は四〇段前後の枝数と一三m前後の高さ、さらには傾斜下方部への曲がりなどで、伐竹作業は重労働であるばかりか危険もともなう。ウラ止めした七〜九cmの中小径竹に比べて、ウラ止めしていない一一〜一二cmの大径竹は、伐竹に二・四倍もの時間を要する。これは、ウラ止めした親竹は通直なため、思う方向に倒すことができ、枝払い数も少なく、作業能率が高くなるからである。高齢者や女性でも容易に管理できる竹林となる。

図 28　理想的にウラ止めされた竹林

図 29　中央の竹が幼枝の出かかったウラ止め適期

ウラ止め作業の適期と効果的な方法

ウラ止めで残す枝数の目安は一三～一七段が理想である（図28）。これより少ないと発生量の減少や形状が小形になり、逆に多いとウラ止めの効果が出にくい。そのため、次のような時期・方法でウラ止めを行なう。

［適期の目安］　タケノコの伸びの状態で決まる。適期は、タケノコがほぼ伸びきって地際から五～六ｍ頃までの皮が落ち、最下の幼枝が一～三本くらい伸び始めた頃である（図29）。これより早いと成竹となったときに残枝数が少なくなり、遅くなるほど先端の一部しかウラ止めができなくなる。

［時期と期間］　地域および年によって差があるものの、早い地域では四月下旬頃から、一般的には五月五～十日頃から始め、その後はタケノコの伸長に

図 30　揺すり落としによるウラ止め

図 31　ロープを使ってのウラ止め

応じて行なう。適期の期間はおおむね一五～二〇日間で、この間、四～五回くらい竹林にはいり、適期になった竹だけを選び、ウラ止めする。

［揺すり落とし法］　一般的に行なわれる方法で、若干の経験を要するが、数秒でできるので能率も高い（図30）。その反面、先端部の落下に注意しなければならない。肩の高さの位置を両手で挟み込むようにし、前後に大きく四～五回くらい揺すり、瞬間的に両手を離すか逆に強く押し出すと先端部が折れる。

［ロープを使う法］　ロープを伸長中の竹に掛け、最下の幼枝まで振り上げ、前後に三～四回くらい揺すりながら反動をつけ、瞬間的に強く引けば、先端部位が折れる（図31）。

［刃物を使う法］　五～六ｍの竹竿の先に軽いカマを取り付け、枝の数を確認しながら切り落とす

方法である。枝数がやや不足傾向となりやすく、また鋭く切れた先端部位が落下してくるので、十分な注意が必要である。

［注意事項］ 直径一〇cm以上の大きい竹になると揺すりにくく、先端のごく一部しかウラ止めができない。このため、適期に達していないタケノコをウラ止めすると、極端な枝不足になりやすい。先端部の落下危険対策としては、ヘルメットや足下（逃げ場）を確保した後でウラ止めを行なう。

❹ 親竹の配置

仕立ては均等でなく、帯状か集団で

親竹の配置には、通常仕立て（均等な仕立て）、帯状皆伐仕立て、集団仕立てがある。このうち、早出しを目的とする場合には光線の入射やハウス・マルチなどの保温処理作業が容易な帯状仕立てか集団仕立てにする。

親竹は伐竹した周辺が大きな空間にならないよう、均等な配置を念頭に新竹を仕立てるのが一般的である。しかし、このような仕立て方では、どこに新竹を仕立てるか？ どの竹を伐採するか？ などに頭を悩まし、作業能率も上がらない。また、早出しのためのビニールマルチやビニールトンネル

などの保温処理をする場合、作業が困難で、しかも太陽光線を受けにくいなどの欠点がある。

帯状皆伐仕立てとは親竹を三〜五m前後の幅で帯状に残し、その横を六〜八m前後の幅で親竹を皆伐し、これを繰り返す（図32）。帯状皆伐仕立ての中でも親竹を一列に仕立てた竹林は、さらに光線の入射率が高い（図33）。

また、親竹の集団仕立ては縦六×横六mの集団を作り、集団と集団の間隔を六m空け（皆伐し）、

図32　帯状仕立ての竹林

図33　等高線に沿って一条に仕立てられた竹林

図 34　集団仕立ての竹林

一～五年竹、各一本を一つの集団内にまとめる（図34）。新竹仕立ての位置や伐採竹の選択も、この集団内で行なうことから作業性が高い。

幅三～五mで残す「帯状皆伐仕立て」

まず、通常仕立て中に親竹のウラ止めを毎年実施し、三年以上経過したところで帯状皆伐仕立て林に誘導する。親竹を仕立てる幅や親竹を皆伐する幅は、将来ビニールハウスやマルチを導入するか否か、その広さなどで決まるが、六～八m幅とすれば種々の展開が可能である。親竹の密度は一〇a当たり一五〇～二〇〇本とし、皆伐箇所の面積も考慮して、仕立てが一五〇本なら親竹間隔は一・八×一・八m、二〇〇本なら一・六×一・六mが目安となる。

親竹は帯状に皆伐してもタケノコが生産できる。これは有機物（肥料）が豊富で土壌水分に恵まれたところを地下茎が好んで伸びる特性による。地下茎を誘導すれば、親竹から離れた場所（皆伐箇所）でもタケノコ栽培が可能となる。そのため、親竹を皆伐した箇所に、新たな地下茎を誘導するために有機物を投入する。この作業の良し悪しが、その後のタケノコの形状や発生量、早期発生などを大きく左右する。帯状皆伐仕立てでもっとも重要な管理である。

帯状皆伐仕立て直後のタケノコは、皆伐の影響で小形・細形となるが、三年目頃からは通常の形状となるので、この頃からマルチやハウスなど各種の保温処理が行なえる。保温処理は、六～八m幅の帯状空間があるため、簡単にできる。ただし、帯状皆伐仕立ては地温の上昇が期待できる反面、土壌の乾燥も激しくなるので、保温期間中は最低でも月二～三回程度のかん水が必要である。

縦六×横六mで残す「集団仕立て」

まず、集団仕立てを開始する五年前から親竹のウラ止めを行なう。竹の特性上、ウラ止めしてない竹は先端が大きく曲がり、集団と集団の空間部分に集まり、太陽光線を遮り、また台風や雪の害を受けやすくなる。このために集団仕立てではウラ止めが前提条件となる。

縦六×横六m間隔で、一～五年竹を各一本ずつとし、これを一つの集団とする。親竹の伐竹年を五年目とした場合の密度は、一〇a当たり三〇集団×一集団当たり五本＝一五〇本となる。仕立ての手順は、まず等高線状に縦六×横六m間隔の目印杭を立て、そこを中心に親竹を誘導するため、落ち葉や堆肥、刈り払った雑草などを一〇cm以上の厚みに堆積しておく。

発生期には毎年、集団内から発生したタケノコを一本、新竹用に仕立て、ウラ止めしてから発生年を書いておく。秋期には、集団内で五年目になった老齢竹一本を伐採する。タケノコ発生場所は、おもに集団と集団の間の皆伐した箇所である。この位置に新たな活力のある地下茎を誘導するための堆肥散布を行なう。

集団仕立てでは、集団と集団との間隔を六ｍ前後と広くとるため、ビニールマルチやビニールトンネルなどの保温処理が容易で、太陽光線が地面までよく届くことから地温上昇も期待できる。早出し竹林の親竹の仕立て方としては理想的な方法といえる。

❺ 老齢竹の伐採

芽子を呼びおこし、竹林を更新する

親竹の伐採を竹林の更新ともいう。活力の鈍った老齢竹に代わって新しい親竹と交代させ、竹林の活力を維持させる。タケノコ生産上、大変重要な作業の一つである。

地下茎には各節にタケノコとなる芽がついている。この芽は、伐竹などのショックを受けると、多

くがタケノコとなって発生してくる。たとえば、親竹を皆伐すると翌年は足の踏み場がないくらいタケノコがいっせいに発生するのに対して、伐竹しない竹やぶではタケノコの発生が極端に少ない。このような竹の特性を利用するのが伐竹で、タケノコを発生させるための重要な作業である。

地下茎の年齢とタケノコ発生との関係は、地下茎は伸長後、早くて二年目、多くは三〜四年目からタケノコを発生させる。このことから、地下茎は親竹よりも二〜四年ほど古いことになる。したがって、五年目の竹でも地下茎は七〜八年以上経過しており、元気な芽子が少なく、発生力が落ちる。竹林全体の活力を維持するには、若い地下茎をもった親竹に交替（更新）しなければならない。

五年目の竹（老齢竹）を選んで伐る

切る竹の選び方（竹齢）や本数を誤ると、翌年のタケノコ発生に大きな影響を与える。親竹はタケノコを発生させるエネルギーを作るため、二年に一回、葉替わりするからである。

親竹は竹齢が二・四年目の偶数年で葉替わりし、その年に盛んに同化養分を作って地下茎に還流し、三・五年目の奇数年目にタケノコをたくさん発生させる（表06）。なかでも三年目竹がもっとも発生力が高く、次いで五年目の竹となる。しかし、五年目の竹の地下茎年齢は七年以上となっており、芽子数が少なくなっているため、五年目の竹を選んで伐竹する。

伐竹での誤伐防止のために毎年、新竹を仕立てた年の夏期頃に、マジックなどでその年の発生年号

図 35 発生年次をペンキで色分け

表 06 親竹の竹齢と働き

竹齢	葉替わり	同化養分	発生	伐採
１年竹	しない	少ない	少ない	しない
２年竹	する	多い	ややあり	しない
３年竹	しない	少ない	最も多い	しない
４年竹	する	多い	やや少ない	しない
５年竹	しない	少ない	やや多い	する

注：竹齢は発生年を１年とした数え年で示している

表 07 竹齢の見分け方

竹齢	節部の色	幹の色	地際の幹色	地際の皮	４月の葉色
１年竹	蝋分純白	白緑色	白緑色	皮付着	緑色
２年竹	白色	緑色	緑色	一部付着	黄褐色（葉替わり）
３年竹	薄い白色	薄い緑色	薄い緑色	付着なし	緑色
４年竹	黒色混ざる	白緑色	白緑色	付着なし	黄褐色（葉替わり）
５年竹	黒色一部白濁色	白色目立つ	白色目立つ	付着なし	緑色
６年竹	黒色	黄白色	やや褐色	付着なし	黄褐色（葉替わり）
７年竹	黒色	黄白色	褐色進む	付着なし	緑色

を記入する。竹齢ごとにペンキの色を変え、輪状に塗ると遠方からでも竹齢がわかる（図35）。発生年がまったく不明な場合には、稈色、節部位のろう分のあせ具合、地際部位の色などで竹齢を判断する（表07）。

なお、年によって親竹密度が大きく変動すると、タケノコ発生に表年・裏年が生じるので、毎年コンスタントに仕立てなければならない。四月に仕立てた新竹の本数と伐る本数とがほぼ同じになるのが理想である。現在の密度を把握し、新竹の仕立て本数と伐竹本数を決めておくことが重要である（52ページ表05参照）。

伐竹の時期とそれぞれの効果・ねらい

「木六竹八」の言葉があるように旧暦の八月、新暦では九月になれば伐竹してもよいことを示している。伐竹時期は一部では、六月伐竹、九〜十月の早期伐竹、十一〜十二月の標準伐竹、一〜二月の後期伐竹が見られる。伐竹時期は早出し・高品質栽培など生産目的や収穫作業の開始、他の農作業の労力配分などを考慮したうえで決定しなければならない。

それぞれの特性は次の通りである。

［六月伐竹］ 新竹の生長がほぼ完了する六月に、五年目の竹を伐る方法である。通常であれば、この竹の伐採は十〜十二月に行なうが、六月に早めて伐採すればそれだけ空間が広がり、新竹や二〜四年目竹の充実を図ることができ、早期発生も期待できる。

［早期伐竹］ 九〜十月に伐竹すれば、葉がすみやかに落ち、林内整理を早めることができる。また、林内照度が増すので、地表面への太陽光線入射がよくなり、地温上昇も期待できるために早期から収穫が始められる。いっぽう、客土導入による高品質栽培では、客土作業を九月以降できるだけ早期に行なうことによって、土壌の乾燥および地温低下を防止できる。また、客土面の凸凹がなくなり、地割れ掘りが容易となる。

［標準伐竹］ 十一〜十二月の伐竹は竹の生理（同化養分の地下茎への還流）にかない、虫害も少な

いことから竹材利用にも好適である。そのようなメリットから、もっとも普遍的に行なわれている。

【後期伐竹】　一～二月になれば、竹の養分の動きが始まるために竹材の利用面ではよくないが、細くて硬いタケノコ（親なしタケノコ）の発生が少なくなる。また、伐竹のショックで早期発生割合が高まるともいわれている。

竹を倒す方向、切り株の割り、筋置き

伐竹は、上端部位を尾根側に倒すことによって、枝払い・搬出作業が容易となる。切り株は、できるだけ地際から伐り、割りを入れると早く腐朽する。

五年目竹といった老齢竹でも、配置上残すこともある。林縁竹も、タケノコ時に一〇節くらいの枝をつけてウラ止めし、防風用として残す。逆に老齢竹でなくとも、台風などで四五度以上に傾いた竹は伐採する。

伐採した竹は、筋置きといって等高線沿いに上下一・五～二・〇ｍ間隔に並べる。そうすることによって、肥料の流失防止や収穫作業の安全性、落ち葉処理、収穫方向範囲の目安などとしても利用できる。葉はケイ酸成分を含有しているために、ケイ酸補給の意味からも林外へ持ち出さない。

❻ 施肥管理

施肥は親竹の活力を高めるための手助け

施肥の効果は種々見られるが、親竹の密度管理を中心とした仕立て方に大きく左右される。したがって、施肥は親竹の活力を高めるための手助けともいえる。

施肥は親竹の葉色をよくし、同化作用によって、発生エネルギーとなる養分を作らせる。地下茎への同化養分の還流が多ければ多いほど、芽子の形成数を増加させ、良型・良味のタケノコを増産させる。また、親竹の樹勢を高めたり、地下茎の伸長・充実を促進する。

タケノコ生産に必要な肥料成分は窒素、リン酸、カリの三要素とケイ酸を加えた四要素がある。この四要素で中心となるのは窒素成分で、短期間での新竹生長

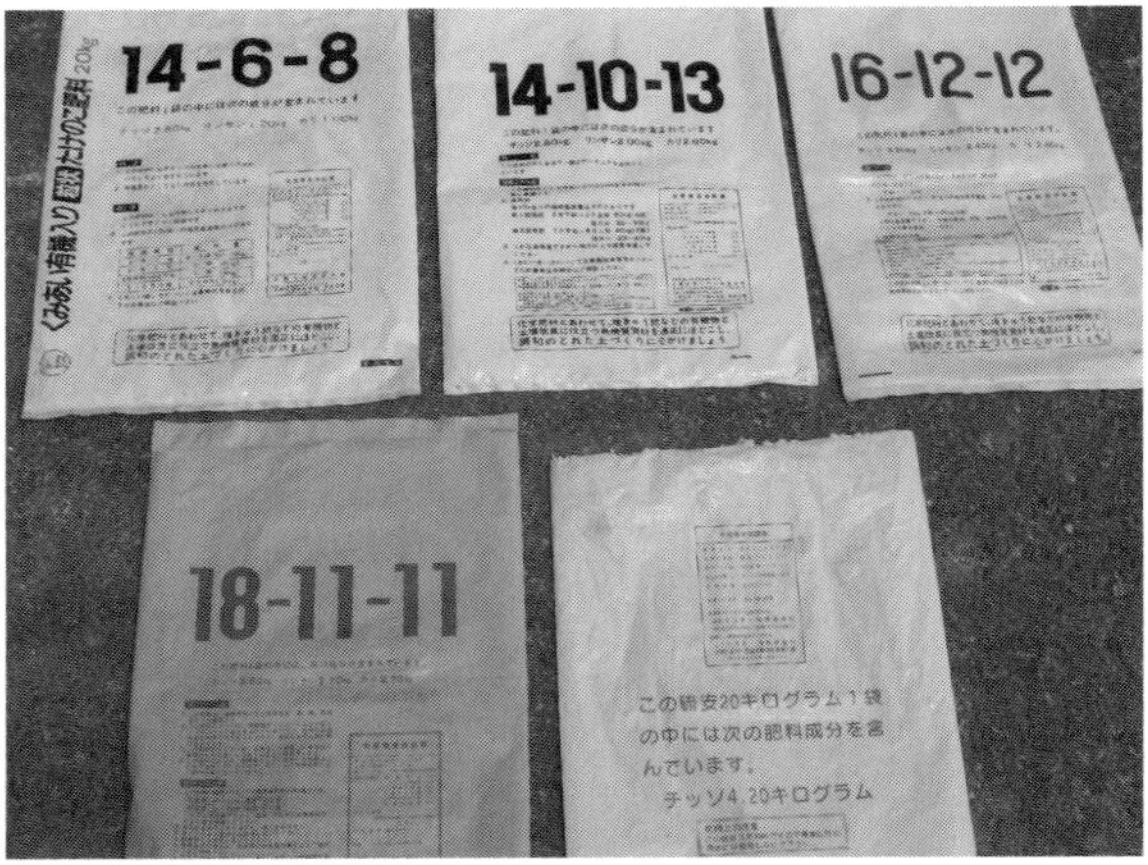

図36　福岡県タケノコ主産地で使われている肥料

や急激なタケノコ肥大などの重要な働きを担っている。ケイ酸肥料も親竹の耐寒・耐暑、耐病虫害などの抵抗力が高まり、充実させる。

これら四要素成分のバランスは、一〇‐五‐六‐七が理想である。したがって、肥料は、これら成分バランスを考慮して選択しなければならない（図36）。

施肥量とタケノコ発生量は正比例の関係

基本的な親竹管理を前提にすれば、「施肥量と発生量には正比例の関係がある」ため、生産目標に基づいて施肥量を決める（表08）。

基本的な施肥時期は、元肥（冬肥）が一月下旬～二月上旬、お礼肥（春肥）が五月上旬～中旬、夏肥が八月下旬～九月上旬の三回である。さらに、早出し栽培では、できるだけタケノコの肥大化を早めるために、速効性の単肥（窒素肥料）を三月上旬と十月中下旬の二回、追加する。施肥時期を

表08　生産目標別の成分施肥量の年合計（kg）

生産目標	窒素	リン酸	カリ	ケイ酸
1,000	20	10	12	16
1,250	27	14	16	22
1,500	34	17	20	27
1,750	41	19	25	32
2,000	47	21	30	37

表09　施肥時期と目的

施肥時期	施肥目的	備考
1月下旬～2月上旬	発生時期促進と生産量増大	低温時期で肥効の高いもの
3月上旬	発生時期の促進	窒素成分肥料
5月上旬～中旬	樹勢回復と新地下茎伸長促進	緩効的な効果
8月下旬～9月上旬	同化作用および芽子形成の促進	緩効的な効果
10月中旬～下旬	早期タケノコの肥大促進	窒素成分肥料
3月および9月	親竹の諸抵抗力の促進	ケイ酸肥料

三～五回に分けるのは親竹の動きや働きがそれぞれに異なるためである（表09）。基本的な施肥と早出し栽培の時期別施肥量割合を示しておく（表10）。施肥効果を高めるには中耕直前や降雨・除草直後、地表面バラマキよりも穴肥などが望ましい。

有機物は、化成肥料の施肥効果を促し、土壌水分を保ち、太陽熱の吸着を高めるなどの作用がある。有機物は一〇a当たり約五〇〇kgを掘り穴中心に五～六月に施す。有機物の種類は何でもかまわないが、未発酵の堆肥を大量に施すと発酵熱で根を傷め、葉の変色や落葉することがあるので注意する。

表10　時期別施肥割合

肥料形態	施肥時期	3回施肥	早出し
三要素化成	1月下旬～2月上旬	40	30
窒素単肥	3月上旬	−	15
三要素化成	5月上旬～中旬	30	20
三要素化成	8月下旬～9月上旬	30	20
窒素単肥	10月中旬～下旬	−	15
ケイ酸	3月および9月	100	100

注：①ケイ酸分施肥は、３月と９月の２回に分施し、その合計を示している。
②化成肥料とケイ酸分肥料は同時施用を避ける。

７ 保温処理

冬期に有機物、ビニールで地表面を覆う

夏期に形成された芽子は、地中で長い期間にわたり徐々に肥大化し、気温が約一三℃になる頃、地上部に出てくる。気温が急激に低下してくる晩秋頃からの地温累積が発生時期を左右するため、冬期

を中心に地温をいかにして高めるかが、早出し効果にも関係する。

地温を高めるための保温資材は、堆肥・イナワラ・木竹炭・落ち葉・雑草類などの有機物利用やビニールがある。地温を高める効果は有機物類よりもビニールのほうが高いが、有機物類は地中の水分維持や直射によるタケノコ穂先の変色防止などの効果もあり、それぞれの特性を活かした使用法が望ましい。

地表面をビニールで覆う方法を地温上昇効果で比較すると、明らかにトンネル法がマルチ法よりも高く、トンネル法の中でも二重のほうが一重よりも高くなる（図37）。二重のトンネル内に透明ビニールをマルチした併用法であれば、さらに地温上昇効果が高い。

冬期の地温を高めるためには透明ビニールが用いられ、保温処理方法としてビニールマルチ法、ビニールカーテン法、試験的にビニールトンネル法やハウス法も行なわれている。

図37　保温方法と地温（対無処理区との差）

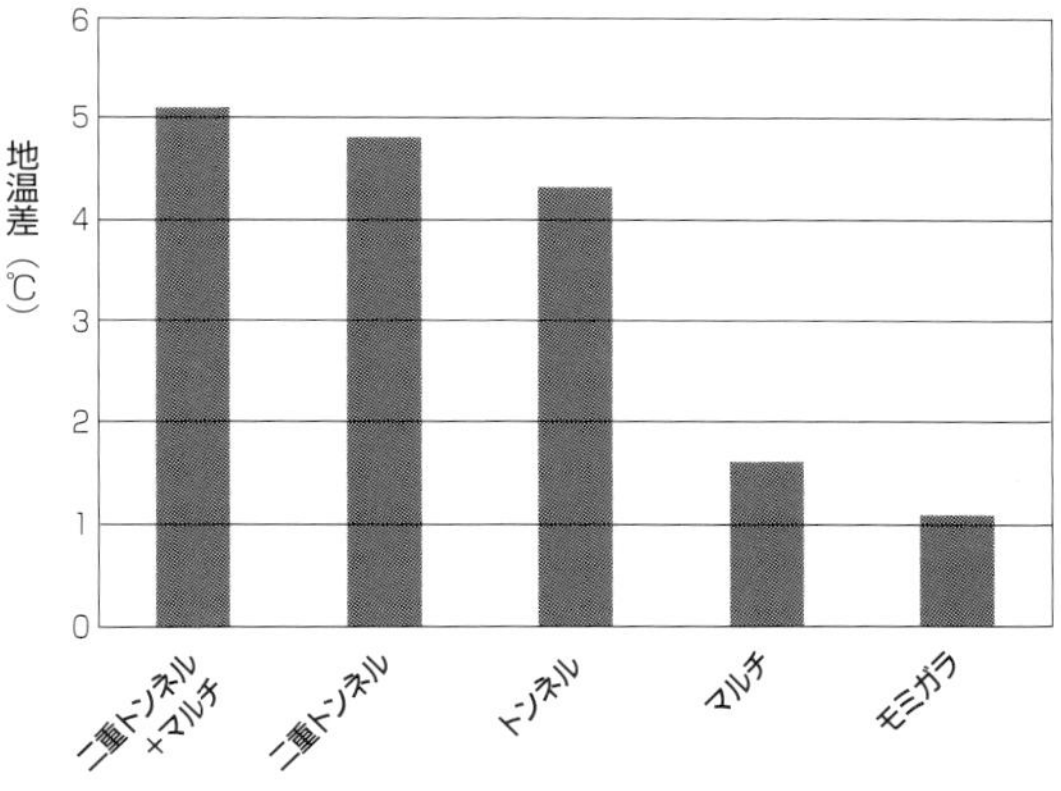

マルチ、カーテン、ハウス・トンネル

【ビニールマルチ法】 地表面にビニールを敷き広げ、親竹の合間から入射する太陽光線で地温を上昇させ、この温もりをできるだけ低下させないで、芽子の肥大促成を図る方法である（60ページ図32参照）。マルチ用のビニールは透明で厚みがあるほど、効果が高い。さらに、効果を左右するのは、太陽光線をいかにして地表面まで入射させるかである。そのためには、親竹の疎立仕立て（一〇a当たり一五〇～二〇〇本）、ウラ止めが望ましい。

【ビニールカーテン法】 竹林周辺部の親竹に、高さ二・五～三mでビニールを吊るし、寒風を遮って地温の低下を防止する方法である（図38）。囲う面積は、広すぎると効果が期待できないので、一〇〇㎡が理想的である。寒風のはいる方向を若干高めにするなどの工夫も必要である。

【ビニールハウス・トンネル法】 親竹の仕立て方を帯状皆伐仕立てか集団仕立てにすれば容易に導入できる。親竹と親竹の空間（皆伐したところ）が広いため、高さ二～三mの簡易ハウスや高さ一m程度のトンネルなどが可能になる（図39、40）。さらに地表面のビニールマルチあるいはイナワラの敷き広げなども容易になり、さらなる地温上昇効果が期待できる。

図 38　ビニールカーテン法による早出し

図 39　ビニールハウス法による早出し

図 40　ビニールを二重トンネルにした早出し

広い皆伐空間、ウラ止め、土作りが前提

このように保温処理は、広い皆伐空間がある帯状皆伐仕立てや集団仕立てが導入の前提となる。帯状皆伐仕立てや集団仕立てにウラ止めを併用すれば相対照度が高まり、地温上昇による早出し効果が期待できる。

ただし、保温処理の導入は、皆伐した空間に活力のある地下茎が数多く見られる状態にしておくことが重要である。親竹の集団が出来上がったからといって即、マルチやカーテン、ハウス・トンネルを導入しても効果が上がるとは限らない。したがって、帯状皆伐仕立てや集団仕立てへの移行中から、皆伐した空間箇所の土作りや、地下茎誘導を図らなければならない。

また、ビニールは保温効果が高い反面、降雨の地中浸透が妨げられるので乾燥が激しくなる。そのため、保温処理は二〇㎜以上の降雨があった直後とし、月に二回程度のかん水を必ず行なう。ハウス・トンネルは太陽光線ができるだけ長く入射する方向や収穫作業などを考慮し、地形に合致した方向に設置する。

保温は急激な気温低下が始まる十一月上旬頃から開始し、本格的な発生が始まる三月下旬頃までとする。

❽ かん水処理

水は生長の時期によって働きが異なる

降雨・かん水はタケノコ生産と密接な関係があり、施肥と同等か、それ以上に重要な役割を果たしている。時期によって、次のように働きが異なる。

［地下茎伸長期］　初夏から秋期にかけては地下茎伸長の最盛期である。この間に土壌が乾燥すると地下茎の伸長が短くなり、それだけ将来（二年目以降）タケノコとなる芽が期待できない。

［芽子形成期］　タケノコとなる芽子の形成時期は八月下旬～九月中旬頃である。この時期は高温でもあり、一〇日間も降雨がなければ土壌が乾燥し、芽が芽子とならずに翌春のタケノコ発生が不作となることから、積極的なかん水が望まれる。特に早出しのために保温処理する場合は、まずこの期間のかん水によって芽子の形成を確実にしておかなければならない。

［芽子肥大期］　芽子は約半年をかけて徐々に肥大し、一三℃くらいの気温になった頃、地表面に発生してくる。早出し栽培では、この肥大化を促進するためにビニールなどによる保温処理を行なうが、降雨を遮断することになる。土壌が乾燥した状態で地温だけ上げると発生本数は増えるが細形のタケノコとなり、品質が低下する。そのため、秋期から初春にかけては、一〇～一五日ごとのかん水が早

期発生、良質タケノコ生産につながる。

［発生期］　タケノコの肥大および発生期に雨量が不足すると、タケノコの良形とされる紡錘形が少なくなるばかりか発生量も減少する。さらに、この期間は気温も急上昇することから、雨量が少ないと、土壌の乾燥によって黒褐色をした商品性の低いタケノコとなる。

降雨が二〇日間程度なければ、かん水

かん水の一般的な目安は、降雨が連続二〇日間程度ないときである。これはテンシオメーター（土壌水分計）で、地下一五〜二〇cmの土壌水分がpF値二・五〜二・七の状態である。

タケノコの発生や形状、色に好適な土壌水分域はpF値一・三〜一・五と相当に高い。多くの野菜の好適土壌水分が一・五〜二・〇であることからも、いかにタケノコが水分を要求するかがわかる。夏期にも常時この土壌水分を維持するのが理想的で、特に早出し栽培では発生期の二〜三月、この土壌水分が望まれる。かん水量は、粘土質のような比較的重い土壌では二〇㎜の雨量に相当する二〇ℓ／㎡、有機質に富む軽い土壌では、これ以上を要する。

一般に竹林は水源に恵まれない地形が多いために、谷からの誘導やビニールシートなどによる簡易池の造成が必要である。かん水方法は水源位置や竹林の傾斜角度の状況で異なるが、水源が竹林上部にあれば落差を利用したパイプやチューブかん水、スプリンクラー方式などが容易に行なえる（図

41、42）。

かん水の時間帯は、高温による乾燥の激しい夏期は夕方から夜間に、夜間の温度が低い冬〜早春期は昼間行なうことによって、より効果を高めることができる。特に夏期は、土壌が乾燥しやすいために施肥効果も上がりにくいが、かん水と併行すれば施肥効果を高めるとともに芽子の増加をもたらす。

図 41　タンクからのかん水

図 42　スプリンクラーによる散水

2 単価で勝負する「高品質栽培」

採るタケノコから作るタケノコへの転換

高品質タケノコは缶詰原料用タケノコと明らかに異なる商品、すなわち紡錘形で、皮の色および「イボ」が白色のシロコタケノコを最高級とし、皮の色が淡黄色または薄黄褐色で穂先も黄色のタケノコも指す。

このようなタケノコを生産するためには、「採るタケノコ」から「作るタケノコ」への転換が必要で、そのポイントは親竹の仕立て方と客土といえる。高品質タケノコとなるには、次のような要因がある。

①土質および土壌管理…粘性が強く、礫や小石の少ない土壌の選択と二～三年ごとの客土。
②親竹および施肥管理…密度と有機物補給。
③収穫の仕方…地割れ掘りと乾燥防止。

親竹の密度を高めて土壌の乾燥を防ぐ

高品質タケノコ栽培竹林は一般的に二〇度以下の緩斜面が多い。しかも、粘性の強い赤色から黄色

図43 客土された竹林（北九州市）

系の土壌であるために排水が悪く、客土により地下茎位置が深くなり、親竹および地下茎ともに活力が低下しやすい。活力が高い親竹を仕立てるには、活力がもっとも高い発生最盛期直前から最盛期のタケノコを親竹用として仕立てる。

親竹の密度の多少は、太陽光線の地表面への量を左右する。光線が多くなれば林内の土壌は乾燥し、気相割合が高くなり、タケノコの品質が低下する。しかし、親竹を過密にしてしまうと、親竹一本当たりの葉量の減少や葉色の退化を招き、活力低下や地下茎伸長不足となり、発生量の減少や発生時期の遅れともなる。

このことから高品質栽培の密度は、通常の栽培よりやや多い一〇a当たり二五〇～三〇〇本程度とする（図43）。伐竹年齢は早出し栽培と同様に五年目の竹とし、伐竹時期は客土作業との関係で通常より若干早めの九～十月とする。

粘性が強く、礫や小石の少ない土を選ぶ

品質のポイントとなる皮の色は土質によって異なる。赤色系の土壌では薄ピンク色、黄色系の土壌では黄色、黒色系土壌では白色となるなど、土壌の色に左右される（図44）。また、皮の色は土質によっても異なる。土壌三相といわれる気相（空気）、液相（水分）、固相（土）のうち、気相割合が少ない土壌ほど高品質のタケノコが多くなる。

しかし、土中では高品質タケノコであったものほど地表面に出てくれば光や風の影響を受けて急激に品質が低下する。したがって、高品質タケノコを生産するには、土壌の選択と客土作業、地表面にあまり光を投射させないための親竹の密度管理のほか、徹底した地割れ掘りと、収穫から箱詰めまでの乾燥防止などが望まれる。

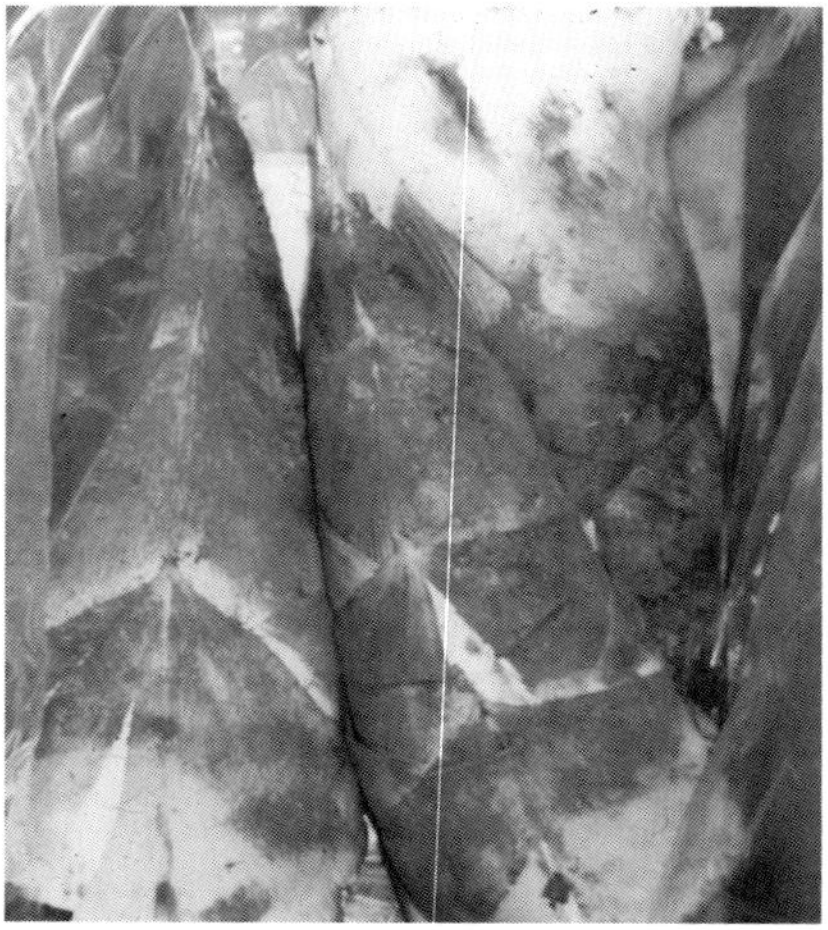
図44　赤色土壌からのタケノコ

シロコタケノコ生産は土壌の良し悪しに大きく左右され、粘性が強く、礫や小石の少ない土壌であることがもっとも重要となる。しかし、淡黄色または黄褐色系のタケノコであれば、通常の土壌でも地割れ掘りによって生産が可能である。

毎年十～十一月に厚み三～四cmの客土を

高品質栽培での客土のねらいと手順は次の通りである。

【目的】　地表面に客土することによって地下茎の位置が深くなり、タケノコが空気に触れにくくなる。それによって、白色でやわらかくエグ味の少ないシロコタケノコなど、高品質タケノコの発生割合が高まる。また、客土を継続することによって地下茎の交錯が少なくなり、収穫作業が容易となる。

図45　敷きワラ・客土を繰り返されてきた竹林土層（京都府）

【土質】　客土は粘性があり、礫や小石の少ない土壌を、林内の上部または隣接地などから運搬し、地表面に散布する。

【厚み】　客土は一回だけで効果が見られるものではなく、その繰り返しの間に徐々に高品質のタケノコ発生割合が高まる（図45）。客土は毎年行なうのが望ましく、厚みは三～四cm（一〇a当たり約四〇t）である。二年に一回の場合には五〜六cm（一〇a当たり約六〇t）で、区域内に均等に広げる。一回当たり一〇cm前後といった多量の客土を行なうと、地下茎位置が深くなりすぎ、酸素不足によって親竹の活力低下や発生時期の遅れ、発生量の減少などを招くので注意する。

［時期］　地表面にわずかな地割れなどの変化を探し、地中のタケノコを掘り上げ、出荷することが高品質生産となる。そのため、客土の凹凸を一日でも早くならしておかなければならない。客土予定竹林では、伐竹を通常よりやや早めの九〜十月、客土を十〜十一月までに完了し、ただちに地表面の凹凸をならしておく。一月以降の客土では、表面がでこぼこしているためにタケノコによる地割れ、盛り上がり、湿りなどの変化が確認できず、掘り遅れとなりやすい。

客土効果をさらに高める有機物の補給も

タケノコ生産林での有機物の効果は、土壌物理性の改善、乾燥防止や雑草抑制、地温の上昇や維持など多く見られる。化成肥料の施肥効果が高まり、結果的に地下茎の伸長を促進し、親竹の活力を高め、高品質タケノコの増産となる。有機物の種類は、山野の刈り草・落ち葉・イナワラのほか、牛糞・鶏糞などの堆肥が使用されている。

高品質タケノコの生産を目的に、有機物を客土と組み合わせる場合、一般的にはイナワラを用いる。使用量は一〇a当たり一五〇〜二〇〇束、面積換算で一〇aの竹林に一五aのイナワラが目安となる。

図 46　客土前の敷きワラ

図 47　敷きワラ・客土が終わった竹林（京都府）

このイナワラを地表面全体に敷き並べ、客土を毎年行なう場合にはイナワラの上に厚さ三～四cm、二年に一回の場合には五～六cmの厚さで均一に広げる（図46、47）。

客土直前、発生直前、収穫期、夏に施肥

タケノコの品質は、皮の色はもちろんのこと、その形状も重要で、紡錘形が良形といえる。タケノコの形状は親竹および地下茎の活力、さらには施肥管理によって左右される。高品質タケノコの中でも、特にシロコタケノコの発生は最盛期がゴールデンウィークの期間であり、このとき、細形タケノコでは高価格が期待できない。

高品質タケノコ栽培の施肥時期は客土直前の九～十月、発生直前の二月、収穫期間中の四月上中旬（穴肥）、六～七月のお礼肥（夏肥）で、年四回の分施が望ましい。特に、四月上中旬の穴肥は、発生後期の良形形状の維持と新地下茎伸長に効果が高い。

施肥量は一〇a当たり一五〇kg程度で、これを前期の四時期に分施する。肥料の種類は九～十月がV形成分配合肥料（有機入り配合）、二月が硝酸態窒素含有の配合肥料、四月上中旬の穴肥が速効性肥料（単肥）、六～七月がV形成分配合肥料（有機入り配合）等、使い分けできれば理想的である。

かん水の徹底、落ち葉の集積、小面積集約

土壌の乾燥は気相割合を高め、タケノコの品質を低下させる。特に収穫直前の二月後半から収穫期間中の乾燥には注意し、かん水が望まれる。

また、客土後二〜三年も経過すると、落ち葉によって地表面の地割れなどが見づらくなる。掘り遅れによる品質の低下を招かないよう、客土するか、二月下旬〜三月上旬に落ち葉を集積することで早期でも探しやすくなる。

従来の缶詰原料用出荷のような「採るタケノコ栽培」であれば、夫婦で一ha程度の経営が可能であった。しかし、高品質タケノコのような「作るタケノコ栽培」では、客土作業や探し掘りの関係から五〇a程度が限界である。

そのため、広い竹林の場合には、土質・傾斜・竹林の向きなど、高品質栽培に適した箇所だけを徹底管理し、高品質タケノコを一本でも多く出荷できるようにしなければならない。

3 一〜二tねらえる「多収量栽培」

図48　多収量栽培のための竹林（10 a当たり200本以下の疎立仕立て）

徹底した疎立仕立てで本数（密度）管理

タケノコの発生量は、一〇a当たり一〇〇〜二〇〇〇kgと大きな差が見られる。これは発生量が地形、地力、管理、収穫の仕方などに左右されるからである。多収量を目指す人や観光園などでは一〇〇〇kg以上が目標で、そのもっとも重要な要因が親竹の密度管理である。特に「親竹の本数が少ないほどタケノコ発生量が多くなる」という関係の通り、多収量栽培は徹底した疎立仕立てで本数管理しなければならない（図48）。

疎立仕立ては、まず地下部で地中の養分や水分の奪い合いが少なくなり、地下茎の十分な伸長や充実が見られる。地上部では、親竹の最下枝から先端まで太陽光線がよく当

図49 施肥量と発筍量（福岡県竹林品評会）

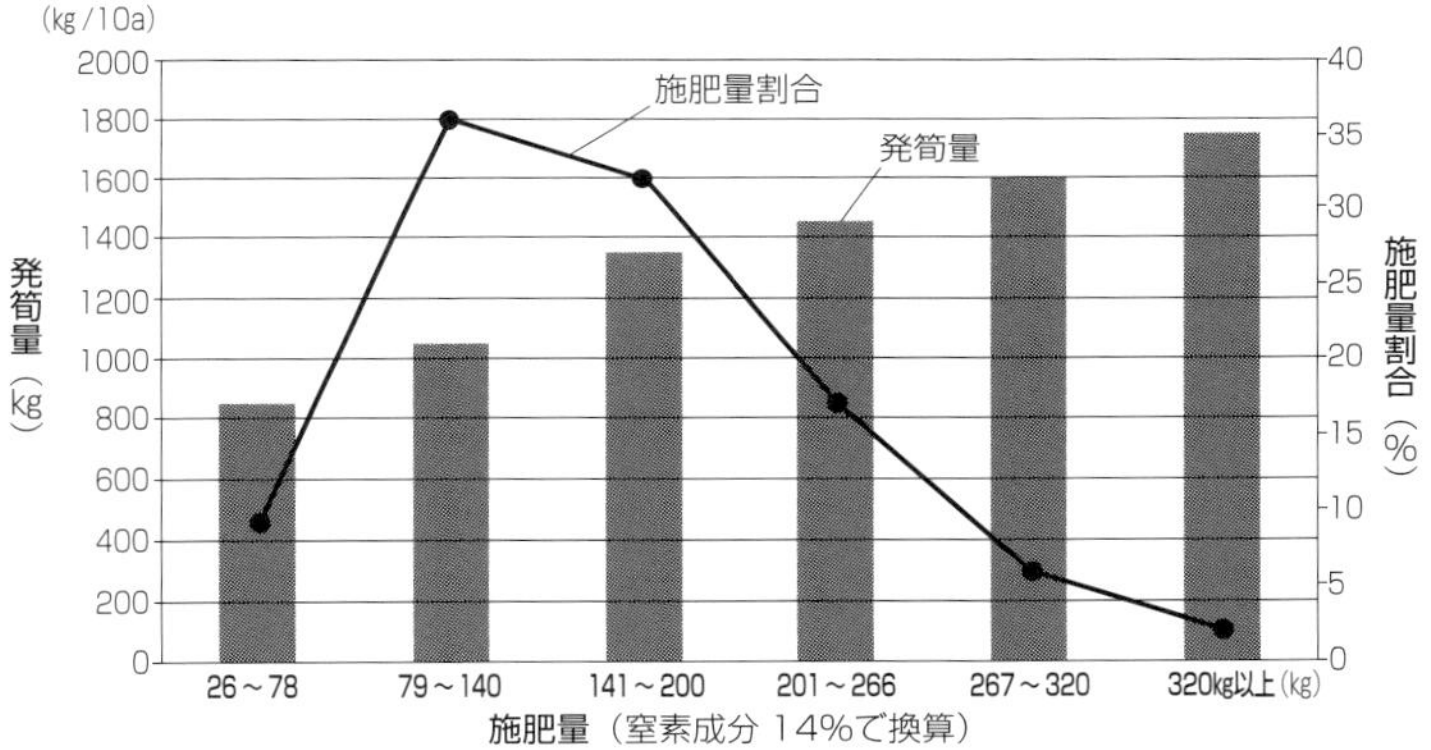

たり、一枚一枚の葉が活発な同化作用を営み、タケノコ発生のためのエネルギーを作り、これを地下茎に還流する。同化作用の働きは葉の色に左右され、濃緑色の葉ほど活発化する。そのため、一枚一枚の葉が濃緑色となるような施肥管理を並行して行なわなければならない。

親竹の本数決定は重要で、親竹の大きさや台風被害の有無などで増減しなければならない。たとえば、親竹の大きさが一〇cm以上の大径竹で台風被害も少ない場合は一〇a当たり一二〇～一五〇本を、八～一〇cmの中小径竹では一五〇～二〇〇本を目安とする。

目標収量に応じて施肥も有機物も増やす

多収量栽培のポイントの二つ目として施肥管理が重要である。「施肥量が多いほどタケノコ発生量は多くなる」という関係の通り、施肥量を増やさなければならない（図49）。一〇a当たり生産目標一〇〇〇kgでは窒素成分で二〇kg、一五〇〇kgでは三四kg、二〇〇〇kgでは四八kg以上が必要である。

なお、多量施肥になればなるほど有機物の補給も必要である。有機物に含まれる微生物が働いて肥料分を分解し、地下茎が吸収しやすくなるので、施肥効果が高まり、増産となる。このためには、毎年もしくは二年に一回、一〇a当たり七〇〇～一〇〇〇kgの牛糞や鶏糞の施用が必要である。これら有機物は収穫直後の掘り穴などに散布する。

4　身体に優しい「掘らない経営」

竹林を荒らさない、手間をかけない経営

最近は放置された竹林が目立ってきた。竹林所有者の高齢化や後継者不足、原料価格の低迷、農産物の多品目化や大規模化、施設農業の普及などで管理されない竹林が多くなっている。地域にまとまった竹林があっても、収穫する労力（時間）がないからである。このような放置林の増加によって、果樹や茶園、造林地など隣接地への侵入被害も見られ、農山村の深刻な課題ともなりつつある。

しかし、竹林経営では、農薬・大型機械・施設などが不要で、年間の投入労力もごく限られた期間で生産が可能である。これら竹林経営のよい点を活かしながら、いっぽうで都市住民が求めている森林へのあこがれ、特に早春の行楽時期に「みずからタケノコを収穫したい」といった希望に応える。そのような経営が「観光タケノコ園」や「竹林オーナー制」である。

また、タケノコは通常、地中もしくは地表面に少し出てきたものを掘り取って利用するが、それを地上約一・五～二・五ｍまで伸ばし、その先端部分五〇～一〇〇cmを切り取って利用する「穂先タケノコ」もある。掘り取らないので高齢者・女性に向き、結果として伐竹などの竹林整備にもなる。

このような竹林の利活用が竹の侵入問題の対策になり、地域のふれあいや活力源ともなっている事例が増えている。

❶観光タケノコ園

入園料を徴収、掘り取り分を時価で販売

親竹の伐竹や施肥、除草などの竹林管理は竹林所有者が行ない、タケノコの収穫はすべて入園者が行なう竹林経営の一つである（図50）。入園の際に入園料や道具代を徴収し、持ち帰りのタケノコは時価で買い取ってもらう。タケノコ観光園は全国的に広がっている。

経営は個人による観光園、個人経営を地域で集団化した観光園、放置された竹林を有志で経営する観光園、地区行事の一つとしての観光園など、さまざ

図50　観光園でのタケノコ掘り

まな形態で行なうことができる。

開園期間はおおむね四月上旬～五月上旬となる。この間、連日開園する場合と土曜日と日曜日だけ開園する場合があるが、いずれにしても収穫対象物が見える果樹園などと違い、タケノコは地中にある。一回収穫したら二～三日待たねばならないなどの特性も十分に考慮して開園の形態を決めなければならない。

連日開園するには、大規模の竹林もしくは集団化された観光園でないと対応できない。土曜日と日曜日ごとに開園する場合は、小規模の観光園、または地区のイベントとして実施されるタケノコ祭りなどがある。

生産者は貴重な竹資源が有効に利用できる

タケノコ観光園は生産者にとって次のようなメリットがある。

貴重な竹資源が有効に利用できる　年間わずかな竹林管理によって、活き活きとした竹林によみがえり、都市住民のレジャーなどの場となり、他の観光産業との連動も可能となる。このことが、竹林所有者にとっては先祖から受け継がれた資源（財産）の有効利用となるばかりか、隣人や都市住民との触れ合いが地域活性化の活力源ともなる。


［地域の多様な農産物が販売できる］　最近は農産物の販売法として道の駅や物産館など地産地消型

が全国に広がっている。観光でタケノコ掘りに来た入園者に、タケノコだけでなく、地域で採れた新鮮で安心・安全な農産物が合わせて販売できる。

【タケノコの消費拡大につながる】　タケノコのおいしさは、収穫後の時間の経過に大きく左右される。観光園であれば、入園者みずから収穫したタケノコをその日のうちに食べられることが多い。いわゆる本物のタケノコの味を知ってもらえ、そのおいしさがタケノコの消費拡大につながる。

【長年培ってきた技術が活用できる】　高齢化のために重労働の掘り取りができず、タケノコ栽培をやめる人も多いが、観光タケノコ園では本人みずから収穫しない。入園者に対して掘り方を指導するだけでよく、入園者との楽しい語らいの中で長年培ってきた技術が活かせる。

【高価格時は青果用に出荷できる】　二〜三月は寒く、またタケノコも小形で入園者には喜ばれない。しかし、竹林所有者にとっては軽労働で高単価の時期であり、この期間はみずから収穫・出荷できる。四月に入るとタケノコも大きくなって誰でも探し出せ、一段とおいしい時期となるので入園者に喜ばれる。

入園者にとって春の到来が直接感じとれる

いっぽう、入園者にとっては次のようなメリットがある。

【春の到来が直接感じとれる】　タケノコの本格的な発生時期となる四〜五月は寒くもなく暑くもな

く、一年のうちでもっとも活き活きとした時期である。コンクリートと騒音の中で暮らしている都市住民にとっては長く厳しい冬から解放され、野山で十分に手足を伸ばし、こころよい汗が流せる。また、土の中から出てくるタケノコは、春の芽吹きを感じさせ、他の作物にはない季節感が味わえる。

［本物のタケノコを食べられる］　タケノコの味は、時間の経過とともに低下する。本物のタケノコを食べる機会の少ない都市住民にとって、掘りたてのタケノコは最高のぜいたくともいえる。

［実益を兼ねたレジャーになる］　最近のレジャーは不景気のためか、節約型の「近場」「実益」「親子や友人の触れ合いの場」などへの人気が高まりつつある。観光タケノコ園となる竹林は身近な地域にあり、安い入園料で一日楽しめ、収穫物は隣近所へのお土産として重宝がられる。また、土に親しみ、遊ぶ機会が非常に少ないマンション住まいの人が、クワや長靴・手袋などを借りて「一日農民」になり、収穫の喜びや家族・友人などとの触れ合いを楽しめる。

［タケノコ掘り以外の楽しみ］　観光園は竹炭焼きや竹細工などの体験、タケノコゆがきもできるなど、多様な展開が入園者に喜ばれる。

アクセス、集団化、駐車場、トイレなど

観光タケノコ園に適した立地・竹林、必要な設備は次の通りである。

［都市部からのアクセスがよい］　入園者の多くが自家用車で来園するため、高速道路や幹線道路な

どとのアクセスがよい竹林が望ましい。

【観光タケノコ園が集団化】 入園日に必ずしもタケノコがたくさん出ているとは限らない。輪番制などで対応できるように数人のグループで取り組めるとよい。

【駐車場、トイレの完備】 観光バスなどでの来園も想定し、十分に広い駐車場やトイレが完備されていないと入園者に迷惑をかけ、次回から敬遠される。

【駐車場から園地まで近い】 入園者の中には自家用だけでなく、隣近所へのお土産として数十キログラムを収穫する人もいる。そのため、竹林から駐車場までの距離は近いほうが望ましい。収穫したタケノコの運搬手段としてモノレールや一輪車などがあると、非常に喜ばれる。

【安心して入れる竹林】 入園者には山の地形に不慣れな人や、老若男女さまざまな人がいるため、緩やかな斜面で明るい林内が喜ばれる。また、危険防止策として歩道や階段、手すりを設置するなど、林内を楽しく歩きながら収穫できるような配慮が望まれる。

【タケノコがたくさん発生】 慣れない人はタケノコを探し出すのに苦労する。たくさん出ていれば、それ自体に感激し、その中から好みのものを選んで収穫できる。

【手洗い場の確保】 タケノコ掘りは慣れない人ほど悪戦苦闘し、衣服や手足も汚れることが多い。谷川などの手洗い場があれば一日の汗を流すことができる。

多収量栽培を基本に親竹管理、施肥管理

「満足にタケノコが掘り取れなかった」では、入園者から反発される。そのため、自家用生産林以上にタケノコを発生させるための親竹管理と施肥管理が求められる。施肥によって、発生量の増加はもちろん、味の向上、出番年・非番年の縮小にもつながる。前述の多収量栽培を基本に、さらに次の事項が望まれる。

［親竹管理］　林内を明るくし、多くのタケノコを発生させるためには、一〇a当たり親竹本数一五〇～二〇〇本を目安とする。毎年三〇～四〇本の新しい親竹を仕立て、同じ本数を秋期に伐採する。特に親竹用として残すタケノコには、掘り取りされないように注意書きしたり、杭・テープなどで目印をつける、など工夫する。伐竹した竹を等高線沿いに筋置きとして利用すれば、収穫時の安心感、収穫順路などの目安にもなる。

［施肥管理］　年間総量一〇a当たり一二〇～一五〇kgの施肥で収量一〇〇〇kg、約一〇〇〇個の収穫が可能である。施肥は分施し、二月に四〇%、五月に三〇%、八月に三〇%とすると、より効果的である。有機物主体に施肥すれば、味や形状が良好になる。

［そのほかの管理］　収穫時のていねいな草刈りは、林内に入って清々しさを感じるとともに、タケノコを探しやすくなる。親竹の切り株は、転倒防止からもできるだけ低くし、さらにヤブ蚊防止のた

めにも切り口を割っておく。隣接地との境界が、入園者でも明瞭にわかるよう、境界ロープなどを設置する。

❷竹林オーナー制

オーナーが利用料を払い、竹林を管理

放置された竹林や、自家労力では広すぎて手の届かない竹林、高齢化等で管理をやめる竹林を有効に利活用する方法である。竹林所有者と竹林を利活用したい希望者が一定期間の賃貸契約を結ぶ。利用者が竹林のオーナーになり、自由に竹林を管理し、タケノコを収穫できる制度である（表11）。

所有者のメリットとして、竹林管理から収穫までの作業はすべてオーナーが担うので竹林の整備が進み、そのうえ竹林利用料金が毎年入る（図51）。観光園のような入園受付やその対応などもいっさい不要である。さらに、オーナーに地域のイベントなどに参加してもらうことにより、交流の輪が広がり、地域の活性化にもなる。

利用者のメリットとして、新鮮なタケノコを欲しいときに欲しい量だけ自由に得ることができる。親子、職場、隣組、グループなど親しい仲間で楽しく作業できる（図52）。その場でゆがくことがで

表 11 福岡県内の竹林オーナー事例概要

市町名	立花町	黒木町	宗像市	北九州市	八女市
開始年度	平成 18 年度	平成 18 年度	平成 19 年度	平成 20 年度	平成 20 年度
総区画数	67	180	23	10	15
１区画面積	250㎡	200 ～ 600㎡	150 ～ 300㎡	270 ～ 460㎡	300㎡
１区画の年間利用料	初年度２万円 ２～４年目 １万円、 ５年目不要	4000 円～ １万 3000 円	5000 円～ 8000 円	１万円	7000 円～ １万 2000 円
契約期間	５年	５年	３年	３年	５年
事務局	立花町ふるさと竹資源協議会（道の駅内）	黒木町竹の幸ほらん会（役場内）	宗像市森林組合	北九州市里山トラスト会議	協議会（八女市、農協など）
応募資格	特になし	特になし	市内在住者	特になし	特になし

福岡県では上記のほか大牟田市・広川町・嘉穂町などでも実施中

図 51 オーナーによって整備される竹林

図 52 オーナーによるタケノコ収穫

きれば掘りたての最高の旬の味を賞味できる。燃料は伐竹材が利用でき、ガス代の節約となるばかりか、皮は林内の肥料にもなる。

オーナーが安心して作業できる竹林で

オーナーにとっては見知らぬ場所での不安があり、地域の人々にとっても見知らぬ人との出会いとなる。そのため、お互いが安心して触れ合えることが重要になる。オーナー制は地域あげての取り組みが望ましく、集団化した竹林であれば、オーナー同志の触れ合いの場ともなる。車で自由に行き交いが可能な道路もあるとよい。

また、オーナーの多くは竹林の管理や収穫が初めてであり、安心して竹林管理できる場所が望まれる。そのため、二〇～二五度以下の緩傾斜で、親竹の大きさが一〇cm以下の中小径竹林が望ましい。管理すれば林内が明るくなる、南向きあるいは東向きの竹林で、伐竹した竹の処理ができる空間か、引き取ってくれる人がいるところ、林内の一部か近くに駐車可能な空間のあるところがよい。

立案から募集、現地説明会、契約まで

取り組みの流れは、

①企画立案検討会を立ち上げて、竹林提供依頼、地域選定、制度構想、計画案作成、契約条件など

全体を検討し、オーナーと具体的な対応をする事務局を設置する（図53）。

②事務局で竹林の募集や所有者への説明会、現地確認、区画割りなど、必要な事項を検討してオーナーの募集を行なう。

③オーナーの募集は、新聞やテレビなど報道機関への依頼、観光地などへのチラシ、インターネットなどを活用する。

④現地説明会で、提供している竹林の状況や区画などを確認し、竹林管理方法などを説明し、希望箇所を募り、集中する場合には公正を期するために抽選などで決定する（図54）。

⑤各区画にオーナーが決定したら、その日のうちに賃貸借契約書を取り交わす（図55）。

⑥賃貸借契約書を取り交わしたら、オーナーはいつでも竹林にはいれ、整備や収穫を行なう

図53　竹林オーナー制度の組織図

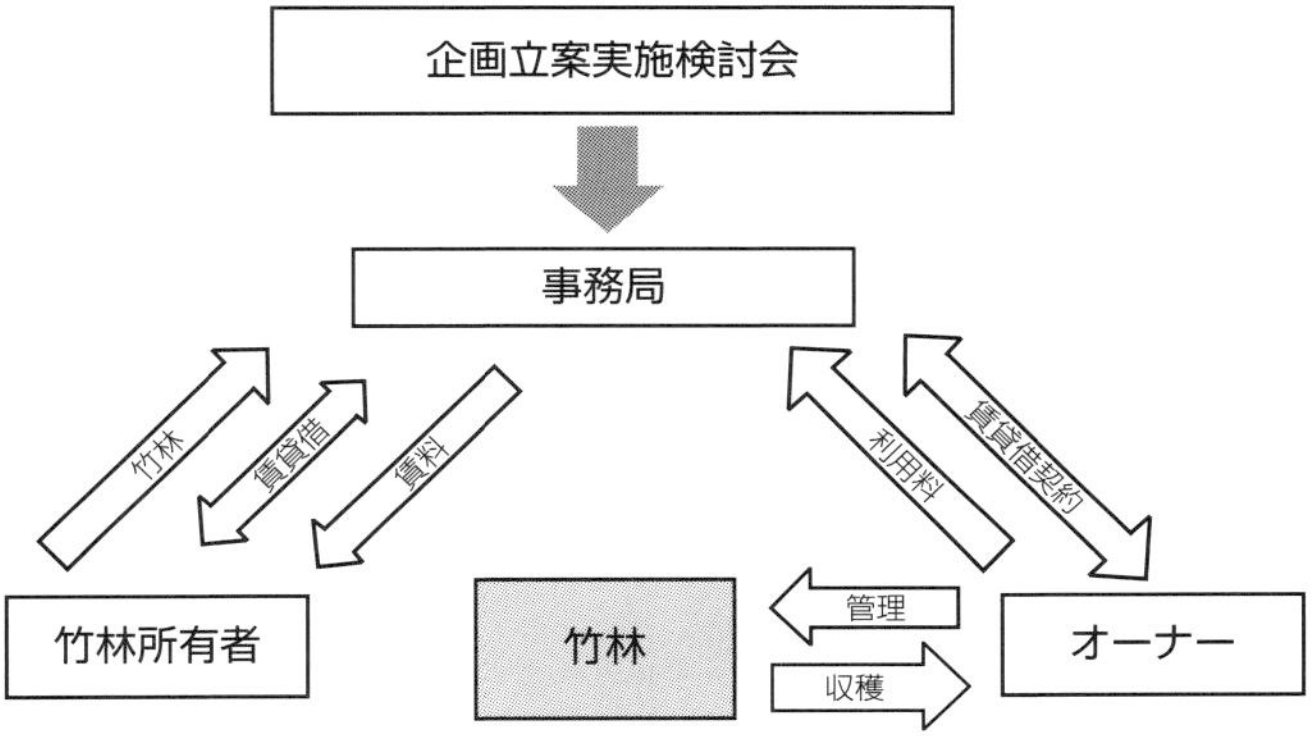

企画立案実施検討会のメンバーは市町村・行政区・農協・森林組合・観光協会・ボランティア・県などで、竹林提供依頼や制度構想、計画案作成、契約条件などを検討。事務局は農協・森林組合・ボランティア・地域振興会などのいずれかに設置し、募集、契約、オーナーなどへの連絡、相談窓口など、制度を運営。

図 54　現地説明を受けるオーナー

図 55　区画割りされた竹林を下見する

ことができる。

賃貸借契約書は、竹林所有者とオーナー、事務局の三者で契約することによって制度が円滑に進み、トラブルの予防にもなる。おもな事項としては、貸主を「甲」、借主を「丙」、事務局を「乙」として賃貸の目的、対象となる竹林の所在、賃貸借の期間、利用料および支払いの方法、中途解約、転貸または譲渡の禁止、土地の返還、管理経費および租税公課の負担などについて契約する。

❸ 穂先タケノコ栽培

地上に伸ばし、その先端部分を切り取り

通常、モウソウチクでタケノコといっているのは、地中もしくは地表面に少し出てきたものである。これに対して穂先タケノコとは、地上から一・五～二・五ｍまで伸ばし、その先端部分五〇～一〇〇cmを切り取り、水煮した半加工品である（図56）。

地上から約一・五～二・五ｍまで伸ばして収穫する理由は、第一に穂先タケノコの食味特性を活かすためである。この特性が発揮されるのは、すみやかに生長する期間、すなわち地上二ｍ前後頃からである（図57）。第二は収穫の作業性によるもので、それ以上に伸びたものは二～三段切りしなければならず、無理に収穫して落下すれば、非常にやわらかい先端部位に傷みを生じるからである。

図 56 穂先タケノコの収穫

図 57　タケノコの伸長と穂先タケノコ収穫適期

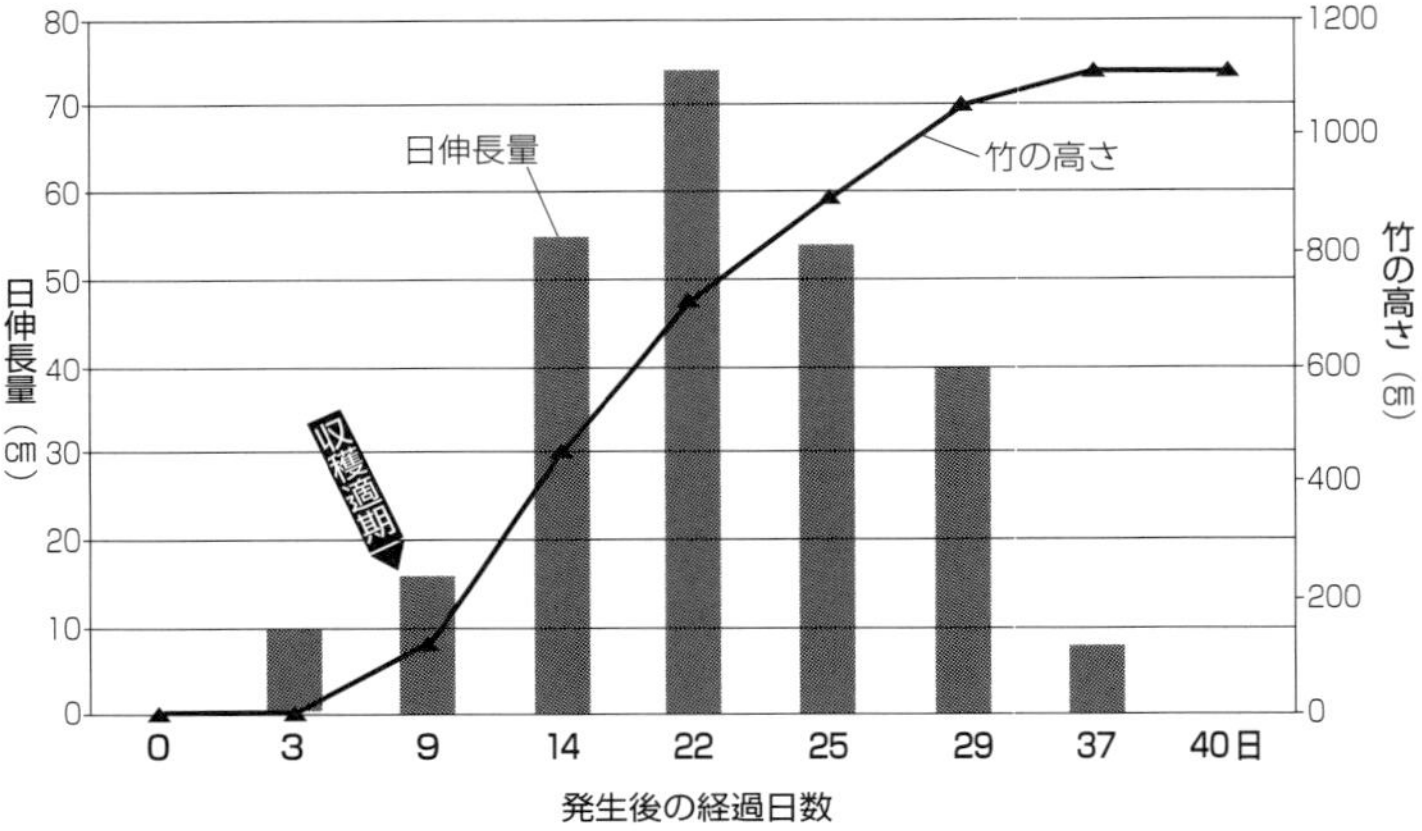

高齢者・女性も取り組めて、竹林も整理

タケノコの出荷は本来、五月中旬頃まで可能であるが、価格や他の農作業との関係から四月末日頃でほぼ完了する。完了後に発生するタケノコを掘らずに放置すれば、伐竹整理などに多大な労力を要し、翌年のタケノコ発生にも悪影響を及ぼす。それらを穂先タケノコで出荷すれば、生産者にとって大きなメリットとなる。また、遅くに発生するタケノコは大きく、深い位地にあるため、多大な労力を要するが、穂先タケノコであれば軽作業なので、高齢者や女性でも取り組める。

消費者にとって穂先タケノコは「やわらかい」「歯触りがよい」「味が淡泊」「甘みがある」などの食味に加えて、食欲をそそる柔黄色、ただちに料理できる水煮半加工品、皮の処分にかかる手間と経費が不要なところが喜ばれている。

図58　穂先タケノコ水煮の出荷時期と価格（平成21年 北九州市中央卸売青果市場資料より作成）

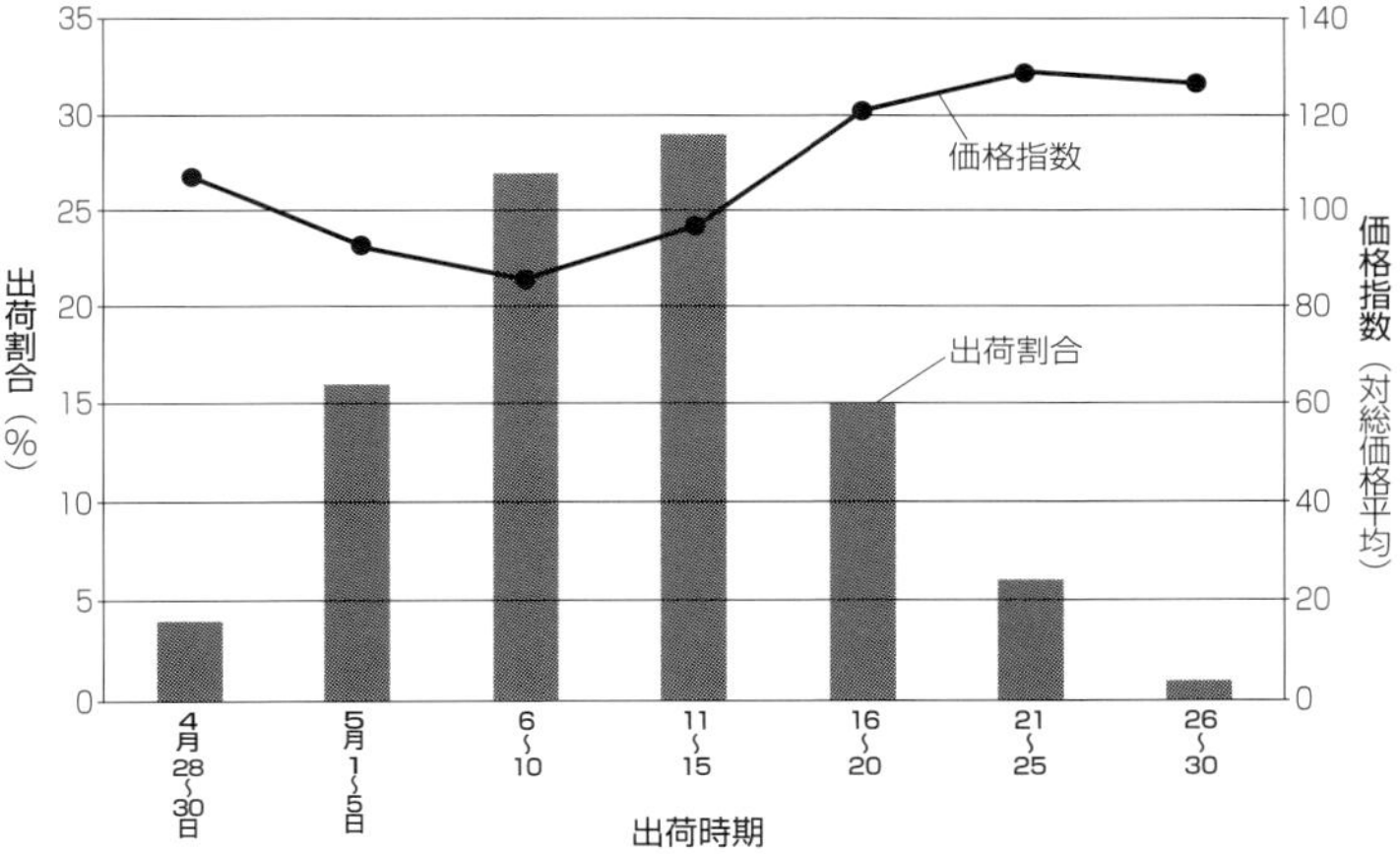

出荷は一カ月間、価格は後半が高くなる

タケノコの発生期間はおおむね三月中下旬〜五月上旬である。そのうち、四月上旬頃までのものが主として皮つきのまま青果用で出荷され、その後のタケノコは缶詰の原料用として出荷される。穂先タケノコの出荷は四月下旬頃から、タケノコの発生が終わる五月下旬頃までである。

青果市場に水煮用タケノコで集荷される期間は、おおむね四月下旬〜五月末日の約一カ月間である。出荷規格は、小径のものはそのまま「筒」、大径のものは二つ割りして「割り」、筒や割りの下部で、節部を除去してスライスしたものは「切り」に区分している。

これら三つの規格を込みにした時期別の価格は、出荷後半になるほど上昇の傾向が見られる（図58）。これは、前半は穂先タケノコの形状が大きいこと、さらにハチクタケノコとの競合などがあり、後半になればハチクが減少するとともに、入荷量そのものが減少する、といった要因による。

ゆがき後、量販店または地元青果市場へ

穂先タケノコは、竹林所有者が皮つきで農協もしくは民間加工場に出荷する場合と、自家用のゆがき釜で製品化して出荷する場合がある。前者はおもに長期保存と遠隔地の観点から、ゆがきしたものを缶に仮詰めし、スーパーなどの量販店に真空パック詰めで出荷される（12ページ図02参照）。後者はゆがきしたものを規格選別後、ビニール袋詰めで地元青果市場などへ出荷される（図59）。

自家用のゆがき釜で製品化して出荷する生産工程は、収穫→整形（長さ・除皮）→ゆがき→さらし→節部・皮の除去→規格・品等選別→袋詰→箱詰→低温庫保存→翌日の早朝に出荷となる。

大量の原料がある場合は一日目の午後から収穫し、二日目に加工を終え、三日目の早朝に出荷する。これらの作業に要する施設は、ステンレス製ゆがき釜、さらし用水槽、製品保管庫（一～二坪の低温庫）、直射光の入らない作業小屋（水煮したタケノコの変色防止）である。

図59　穂先タケノコ水煮用の規格選別作業

5 竹やぶから生産林への改良

竹やぶでは発生するタケノコが大きくて遅く、しかも少量で、表年と裏年の差が非常に大きいなど、経営的にまったく妙味がない。親竹も大きいうえ超過密状態で林立しているため、伐竹や収穫などの管理作業が非常に困難である。このような竹やぶを改良するには、消費ニーズの高い中小形タケノコ生産を目指す意味から、大径親竹を中小径親竹に転換する必要がある。

大径竹林から中小径竹林への転換を図るには、既存林の親竹を中小径竹に徐々に改良していく「択抜法」と、すべての親竹を伐採し、目的の中小径親竹に仕立て直す「全伐法」がある。

ここでは伐採後の一〇ａ当たり本数は約二五〇本仕立てとして述べる。

改良中にタケノコが減収しない「択抜法」

現在立竹している親竹の中から、一〇㎝以上の大径竹だけを伐竹して中小径親竹に誘導していくので、台風や雪などの被害を受けにくい。しかし、新たな親竹を仕立て、ウラ止めを導入していく際、新竹が周囲の親竹に被圧され、陽光不足で着葉数が減少し、葉色が十分でない親竹となる。また、完全な中小径親竹だけになるのに四〜五年間を要する。

【一年目】　五年生以上の竹をすべて伐採する。この段階で本数が二五〇本以上であれば、さらに一〜五年竹の中から一〇cm以上の大径竹だけを伐竹する。

【二年目以降】　一般的には伐竹する竹齢を五年目の竹とすることから、総本数二五〇本であれば各竹齢五〇本となる。そのため、毎年新しい親竹を五〇本仕立て、五年目の竹を五〇本、秋期を中心に伐採する。なお、ウラ止めを導入する場合は、新しい親竹を仕立てた五月上中旬頃に行なう。

【施肥管理】　択抜後も毎年タケノコが収穫できるので、施肥管理を十分に行なわないとタケノコの発生量が増加しない。施肥は年間総量一〇a当たり約一二〇〜一五〇kgを、二月に四〇％、五月に三〇％、八月に三〇％で分施すると効果的である。さらに有機物の多用が施肥効果を高め、味および形状が良好となる。

改良が早く、ウラ止めも容易な「全伐法」

全伐翌年には中小形のタケノコが多発するので、目的とする位置に中小形の親竹を仕立てることができる。竹稈高も低いので、ウラ止め作業が容易である。しかし、収穫が二〜三年間は大きく減少するので、収益が上がらない。また、初年度にいっせいに親竹を残すと、その後の竹齢構成がアンバランスとなるので、計画的な新竹仕立てと伐竹を十分に考慮しなければならない。

【一年目】　親竹の伐採適期である十〜十二月にすべての竹を伐採し、林外に持ち出す（図60）。翌春は、

図60　全伐された竹林

図61　全伐翌年の新竹をウラ止め

伐採前の竹よりも小形の竹が多数発生するので、この中から配置や形状良好で活力のある竹を一〇a当たり約一〇〇本残し、他の竹はすべて伐採する（図61）。

［二年目以降］ 親竹の仕立ては、一年目より減らして毎年約五〇本とし、三年目に各竹齢の本数を均等にするため、一年目に仕立てた一〇〇本の中から約五〇本を伐採する。これで各竹齢とも五〇本となり、一〇a当たり総本数が二五〇本となる。以降、毎年五〇本の親竹を仕立て、その秋に五年目となった竹五〇本を伐採する。なお、ウラ止めを導入する場合には、択抜法と同様に新しい親竹を仕立てた五月上中旬頃に行なう。

［施肥管理］ 全伐法では、まず、二～三年間で充実した親竹を育成することが目的であり、本格的な収穫は三～四年目頃からとなる。施肥を怠ると成林までの年数がかかるので、施肥管理を十分に行なう必要がある。施肥は年間総量一〇a当たり約一〇〇kgを、一～三年目は二月に二〇%、三月に一〇%、五月に三〇%、八月に三〇%、十月に一〇%と、できるだけ分施回数を多くする。四年目以降は二月に四〇%、五月に三〇%、八月に三〇%で分施する。さらに有機物の多用が施肥効果を高める。

6 竹林がなければ新規に造成

竹林を新たに造成するには、隣接地の竹林から誘導する方法と、他の個所から親竹を移植する方法がある。

隣接地から地下茎を伸長させる「誘導法」

モウソウチクやマダケなど国内の多くの竹は地下茎を伸ばしながら繁殖する特性があり、特に有機物や水分が多いところでは一年間で五m前後伸びることもある。この特性を活かすのが「誘導法」である。誘導法は苗の移植など、植えつけの手間は省けるが、成林化までの年数が不確定である。地下茎を早く誘導するには、隣接竹林に近い個所に有機物や肥料などを散布すると、これを目指して地下茎が伸長してくる。

タケノコが発生したら掘り取らず親竹用として仕立て、施肥を行ない、大事に育てる。この親竹がさらにタケノコを産み、順次竹林のエリアを拡大する。順調に親竹が増え、約二㎡に一本程度発生した頃から、大きさや一～五年生竹の竹齢構成を考慮しながら、五年生以上の竹や小径の竹などを伐竹する。

施肥は親竹の活力を高めるとともに同化作用を盛んにし、新しい竹を産むための重要な働きがある。毎年二月・五月・八月の施肥を十分に行なうことが成林化への早道となる。施肥量は単位面積当たりでなく、立竹一本当たりで考える。一年目の施肥量は一本当たり約五〇g程度、次年以降は約二割増しとする。

竹苗を植えつけて成林化する「新植法」

隣接地に竹がない場合、親竹を新たに持ってきて造成するのが「新植法」である。新植法は、よい竹苗をていねいに植えつけ、順調に生育すれば、おおむね五～七年で成林となり、八～九年目頃から本格的な収穫が可能となる。

［竹苗の種類］ 竹苗の違いが成林化を大きく左右する。竹苗には①地下茎に親竹がついているもの、②親竹を地際から切り、地下茎と根株がついているもの、③地下茎だけのものの三通りあるが、一般的には①が早く大きな新竹を発生するので成林化も早い。

ここでは①による増殖について述べる。

［竹苗の選択］ 竹苗は当年発生の竹か二年目の若い竹で、目通り直径で約四～七cmくらいの小形のものを選ぶ。林内よりも林外に広がりつつある中から選べば、地下茎が絡み合っていないので掘り上げやすく、低い部位から枝が発生しているため、移動にも便利である。

［掘り上げ］　親竹の周囲約二〇cmをスコップで掘り、地下茎が確認できたら地下茎に振動を与えないよう、ノコで切り取る。切り取った竹は最下から五段前後の枝をつけ、上部は切り捨て、根部をコモなどで土が落ちないように梱包する。梱包の終わった竹は、できるだけ早く谷などの流れ水の中に浸し、一昼夜ほどおけば水揚げが円滑になり、活着が良好となる。なお、これら移植作業は、竹の動きが活発となる三～六月が適期である。

［植えつけ］　植えつけ穴は竹苗の根株の大きさより一回り大きくする。竹苗は株元が地面と同じ高さとなるように定植し、風による倒れを防止するため、三本の支柱で固定する。乾燥防止のため、株元をイナワラなどで被覆し、十分に散水する。植えつけ作業は夕方に行なうと親竹からの蒸散を防止し、活着がよくなる。

［造成後の管理］　定植翌年には小さいながらも新たな竹が発生するが、これが翌年以降の新竹発生に重要な働きをするので大切に育てる。新竹の活力を高めるには施肥が必要で、二～三年間は株元を中心に約五〇g程度を施す。三～四年目頃になると移植時の竹よりも大きい竹が発生し、活発な繁殖を行なうので施肥量を増やし、全面バラマキで施用する。五～六年目となればさらに大きさを増し、本数も多くなるので、小径竹や五年以上の古い竹は伐採し、新たな竹に更新する。

第4章

収穫から販売、加工・料理まで

1 手際よく収穫・出荷、有利販売

収穫は親竹、施肥、客土など一年間の管理結果を左右する重要な仕上げ作業ともいえ、この良し悪しがタケノコ価格に大きく影響する。タケノコの良し悪しは、穂先の色、皮の色、形状、傷の有無、根切り状態などで判別される（図62）。また、高品質タケノコほど、地中時の色が地表面に出てから急速に変わる。そのため、どのような状態（深さ）で収穫するかも品質を左右するポイントとなる。

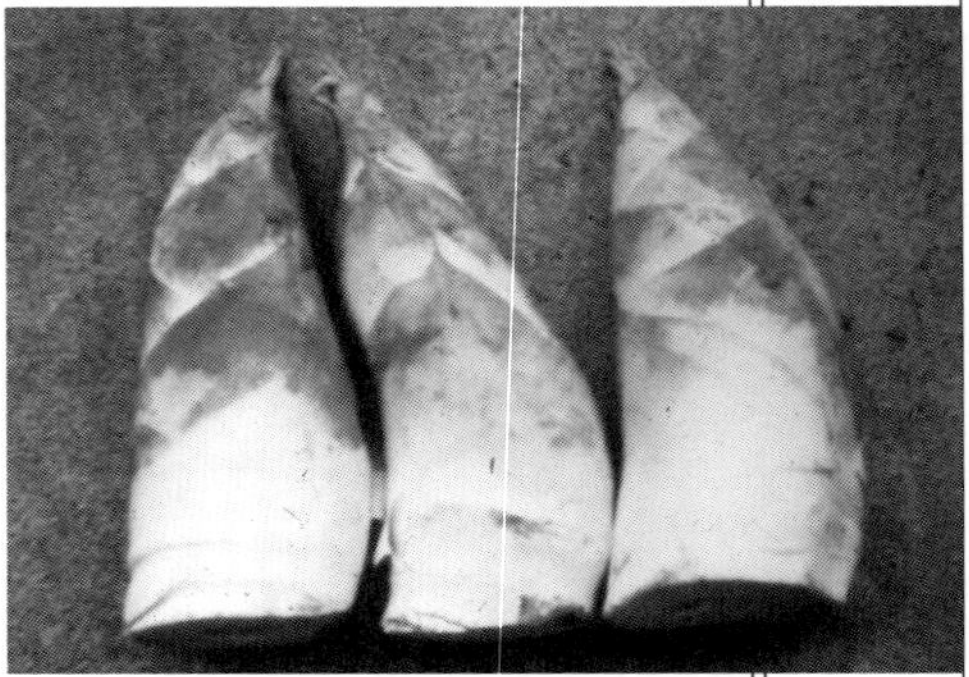
図62　大きさ、皮・穂先の色、形状とも良好なタケノコ

「落ち葉処理」でタケノコを探しやすく

タケノコの発生は、地域や年によって異なるものの九州・四国などでは十一月頃にその兆候が見られる。この時期の探し方は「足裏探し」で行なわれる。足裏探しは靴底の薄い作業靴をはいて、発筍力がもっとも高い三年目の竹を中心に足踏みしながら、タケノコの尖った穂先が足裏に当たる感覚で探し出す。

図 64　タケノコによる地割れ

図 63　早期タケノコが探しやすい落ち葉の集積

しかし、このように熟練を要する技術がなくとも、地表面の落ち葉を集積すれば、早期の小形タケノコや地中のタケノコでも探しやすくなる。このような「落ち葉処理」は、松葉かきなどを用いて地表面が見えるように落ち葉を等高線沿い、または親竹の根元に集積する（図63）。

ただし、落ち葉処理は時期が早すぎると地温低下を招くことから、一年の中で最低温度となる二月上旬以降にする。

早く、良質に収穫できる「地割れ掘り」

二月の節分がすぎると三寒四温の気候に入り、温度も徐々に暖かくなっていく。この時期に落ち葉を地表面から取り除けば、地表面にタケノコが出てなくても、「地割れ」「土の盛り上がり」「部分的な湿り」などで判断できる（図64）。

地表面に出てくる前に掘り上げたタケノコ、いわゆる「地割れ掘り」は、タケノコがやわらかくてエグ味が少なく、傷みも少ない。冬期から早春に地割れ掘りすれば、地表面掘りより一五〜二〇日も早く収穫できる。なお、収穫中はタケノコの掘り穴に随時、集積した落ち葉を埋め戻し、地表面の硬化や地力の低下を防止する。

後続のタケノコの肥大や発生も早まる

「タケノコは掘れば掘るほど発生する」といわれる。これはタケノコが肥大伸長に多くの栄養分を必要とするためで、早く掘れば、それだけ栄養分の消耗が少なく、次のタケノコが育ってくることを意味している。

したがって、収穫するタケノコが小さく、しかも少量であっても、早期から徹底的に地割れ掘りすれば、後続のタケノコの肥大や発生が早まる（図65）。これが早期出荷の割合を高める方法といえる。

タケノコが確認できたら収穫となるが、良質タケノコほどやわらかく、傷果となりやすいので、ていねい

図65　左のタケノコを掘れば、続いて右のタケノコが肥大

に、しかも根付き部分を確認してから掘り上げる。

幅が狭く、長い「くわ」で掘り取り

掘り取りに使用する道具は「くわ」である。産地によって形状や重さなどは違っているが、地中二〇㎝前後の深さで地下茎が絡み合っていることが多いので、幅が狭く、長い形状をしているのが、共通の特徴である（図66）。収穫は一〇a当たり七〇〇〜一二〇〇個を手作業で行なう（図67）。大変

図66　京都地方の収穫道具「ほり」

図67　多くの産地は唐くわで収穫

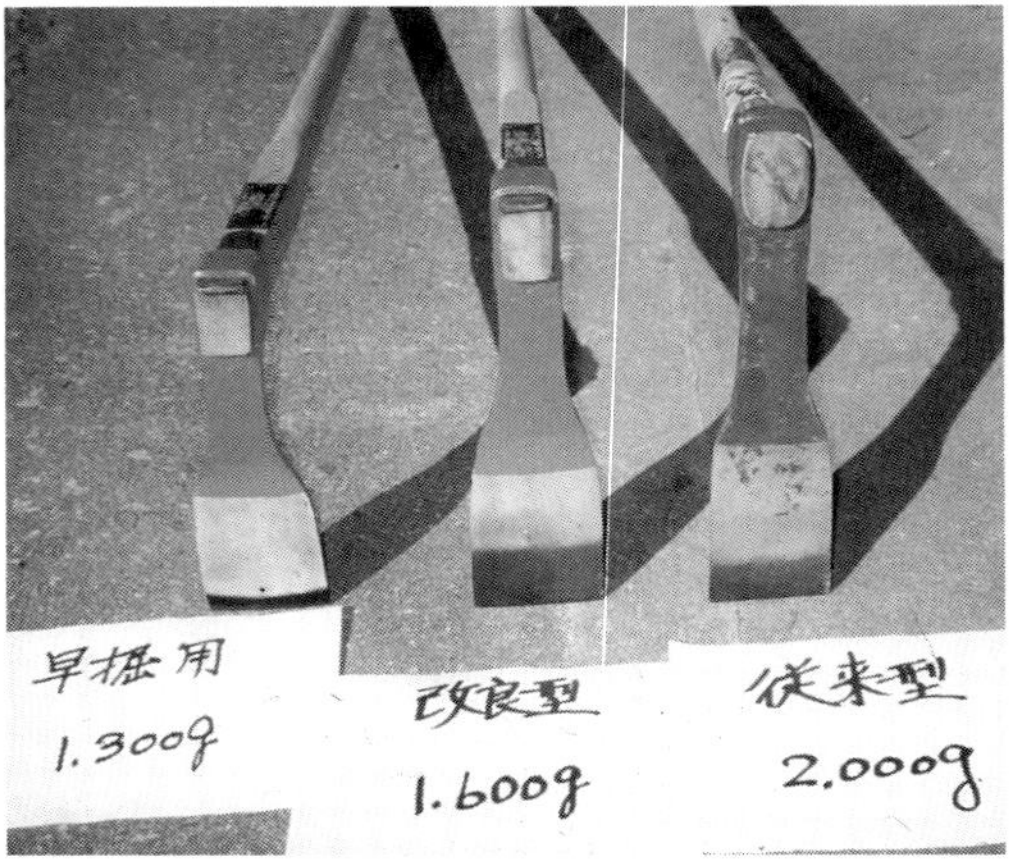

図 68　福岡地方の収穫用のくわ

な重労働なので、高齢者や女性が容易に使用できる「改良くわ」も製造されている（図68）。

タケノコは約半年もの長い期間、地中で保護された状態で肥大している。収穫後は直射日光や風に当てると、表皮の傷みが早く、品質が低下するので、すみやかに肥料袋に入れるなどして、新鮮さを保つ工夫が必要である。

出荷箱はタケノコの大きさに応じて

収穫されたタケノコは、根切り、規格選別、箱詰めなどの工程を経て青果市場などに出荷される（図69）。

出荷は箱詰めで行ない、タケノコの大きさに応じて箱の大きさを変えていく（図70）。たとえば、福岡県南部地域では十二月～三月二十日頃は二kg箱詰め、三月二十一日～四月五日頃は四kg箱詰め、四月六日以降は一〇kg箱詰めとし、これにともなって出荷規格も変えている（表12）。二kg箱詰めは航空便で、これ以降はトラック便で関西・関東・北陸などへ出荷される。

図69 収穫されたタケノコの根切り作業

図70
早期タケノコは2kg入り箱で青果市場へ出荷

表12 青果用タケノコ出荷基準（JAふくおか八女タケノコ部会）

	2kg詰め			4kg詰め			10kg詰め		
	長さcm	重量g	入本数	長さcm	重量g	入本数	長さcm	重量g	入本数
4L							−	3000以上	3以下
3L	22～27	400以上	4以下	27以上	1000以上	3～4	40～45	2000～3000	4～5
2L	18～27	300～400	5～6	22～27	700～1000	5～6	30～40	1500～2000	6～7
L	15～18	200～300	7～9	18～22	500～700	7～9	25～30	1100～1500	8～10
M	11～15	140～200	10～14	12～18	300～500	10～14	20～25	750～1100	11～14
S	6～11	100～140	15～20	11～15	200～300	15～20	15～20	500～750	15～20
2S	6以下	65～100	21～30	6～11	100～200	21～40	11～15	300～500	21～31
3S	−	100以下	31以上	6以下	100以下	41以上	11以下	300以下	32以下

なお、四月中下旬頃からの出荷先は主として缶詰原料である。根切り、規格選別後、コンテナなどに入れ、農協もしくは工場に直接持ち込まれる（図71）。

地域や時期による消費の動向に留意

青果用に箱詰めされたタケノコは、輸送手段の充実で国内各地に出荷される。ちょうど高温期に向かっていくので、輸送中の品傷みを考慮しなければならない。

さらに、消費地の消費動向にも留意しなければならない。たとえば、京都を中心とした関西圏では高品質、関東圏では量、北陸圏では大型サイズが求められるなど、出荷先の求めに応じた出荷が高単価での販売につながる。

タケノコの消費がもっとも多いのは、春の季節商材としてサクラの開花時期頃である。この時期、市場から大量の出荷要請があり、これに対応できるか否かが産地評価の一つとなっている。このような要請への対応は、個人出荷では限界があり、農協などを中心とした共同出荷が求められている。

図 71　大形タケノコは主として缶詰原料に出荷

2 家庭で手軽にタケノコの加工

大量に出るものを長く食べるために

モウソウチクのタケノコは早春から初夏にかけて発生するものの、四月十〜三十日までの二〇日間で全体量の約六〇〜七〇％が集中的に発生する（31ページ図10参照）。しかも、高温期になるほどエグ味を増す欠点があり、長期間にわたって食するためには加工しなければならない。

短期間に集中して発生するモウソウチクを大量に販売する場合、半加工品（水煮）や缶詰に加工される。長期間にわたって保存するには缶詰であるが、剥皮やゆがき、殺菌、ふた締めなどの熟練した加工技術と、製品の保管倉庫など広い施設や機械を要することから、家庭では一般的でない。家庭で可能な加工方法は、塩漬け・干しタケノコ・ビン詰めなどで、半年から一年間くらいの保存がきき、必要なときに賞味できる。

●塩漬け

タケノコ保存でもっとも広く行なわれる方法で、材料も早期から後期までのタケノコが利用でき、塩の量で保存期間も調整できる。
【材料】 発生後期のタケノコが二m前後に伸びた先端部位を使用すれば、厚みが薄いために塩抜きが容易である。
【工程】 原料採取→剥皮→割り→ゆがき→水切り→塩まぶし→容器詰め→重し→保存
【ポイント】 ゆがきしないで使用する場合もあるが、エグ味が残るために通常はゆがきした原料を用いて塩漬けする。塩の量は保存期間との関係もあるが、一年間程度の保存であれば、原料の約三〇%程度の量とする。食するときには、一日流れ水につけて塩抜きをする。

●干しタケノコ

保存性が高く、生果タケノコとは違った独特の風味が喜ばれる（図72）。食するときには乾物で保存されているため、湯炊によりやわらかく戻し、その後味つけする。
【材料】 発生後期のタケノコが二m前後に伸びた先端部位を使用すれば、厚みが薄いために均一の乾燥が進み、湯炊による戻しも速い。
【工程】 原料採取→剥皮→ゆがき→割り→水抜き→天日乾燥→規格選別→袋詰め→保存
【ポイント】 乾物であるため乾燥が重要で、晴天が続けば二～三日間の天日乾燥でよいが、できれば機械乾燥で仕上げると色も最良となる。販売は、干しタケノコとしてのなじみが低い地域もあり、

図 72　天日乾燥中の干しタケノコ

食するときの戻し方や料理法のレシピがあれば喜ばれる。

●ビン詰め

ビン詰めはタケノコ本来の風味が残る加工方法で、翌年以降はふただけ交換すれば毎年行なうことができる（図73）。

［材料］　やや硬めのタケノコが製品として歯触りがよいので、早期の小形タケノコ（約一五〇g）が多く使用されるが、中形タケノコ（約五〇〇g）を

図 73　ビン詰めのタケノコ

割って使用してもよい。

［工程］　原料採取↓剥皮↓割り↓ゆがき↓さらし↓ビン入れ↓殺菌↓密封↓保存

［ポイント］　三〇分くらいのゆがき後、水を循環させながら一時間ほどさらすことによって、pHが低下し、保存性がよくなる。殺菌がもっとも重要で、広口でねじ込み式の金属性ふたつきビンに、さらし終わったタケノコを詰め、水を上端部まで入れ軽くふたを閉め、大型の鍋で約五分間沸騰殺菌し、ただちにふたを強く締め密封する。明るいところで保管するとタケノコが白色化するので、冷暗所に保管する。なお、開蓋は千枚通しで穴を開ければ容易にできる。

●缶詰

タケノコ加工ではもっとも大量に製造される保存法であるが、一般家庭での製造は不可能なので、ここではその工程のみ述べる。

［工程］　原料採取↓ゆがき（蒸気釜）↓さらし（タンク）↓剥皮（機械）↓規格選別↓缶入れ↓殺菌↓密封↓保存↓出荷

●おから漬け

おからの香りと黄色っぽいタケノコを、季節を問わず春の掘りたての風味でいつでも賞味できる。

食するときには、一日流れ水につけて塩抜きをする。

【材料】 小形のタケノコはそのままでもよいが、大形のものは二～四つ割りにして使用する。

【工程】 原料採取（一〇kg）↓ゆがき↓冷やし↓剥皮↓水きり↓かげ干し↓おから床↓重し↓保存

【ポイント】 ゆがきは、水だけで硬めにゆがき（あく抜きのための米ヌカは使用しない）、半日くらい日陰で水きりする。おから床は、おから一〇kg、塩三kgを混ぜ合わせ、タケノコと交互に並べ、最上段に塩をふり、最後にタケノコの約二倍の重しをして保存する。

●粕漬け

多くの保存法は、食するときに好みの味つけを行なうが、粕漬けは本漬けで味つけをしているので、そのままで食することができる。

【材料】 小形のタケノコをそのままでもよいが、大形のものは二～四つ割りにして使用する。

【工程】
下漬け…原料採取（一〇kg）↓剥皮↓ゆがき↓さらし↓塩（一・五kg）をまぶし、五～六日間の日陰干し
本漬け…粕調整（酒粕六kg、砂糖一kg、焼酎一・五カップ、みりん〇・五カップ、塩一五〇g）↓漬け込み

【ポイント】 下漬でエグ味を取り、傷まないように塩をまぶし、日陰干しで水分を減らす。本漬けはタケノコの味つけであり、いつでもそのままで食べることができる。

●穂先タケノコの真空パック詰め

もっとも伸長旺盛な時期に収穫するので、淡泊な味でありながら甘みと歯触り感がある。特に若年層に評判がよく、野菜サラダやタケノコドリアなど洋風料理にマッチした食材として、利用者が急増している。

【材料】 タケノコが二～三mに達した頃に先端約一mくらいを切り取り、この部位をゆがいて食べるが、ゆがいたものを真空パック詰めすれば三カ月間くらい保存できる。

【工程】 原料採取→剥皮→ゆがき→さらし→規格選別→真空パック詰め→殺菌→保存

【ポイント】 一m以下の材料は美味でないので、二～三mに達した頃に収穫する。肉部が薄くやわらかいので、ゆがき時間は掘り取ったタケノコよりも短く（三〇～四〇分）する。製品はビニール袋に詰めるので、光線に当たらないよう冷暗所に保存する。

3 風味が活かせるタケノコ料理

タケノコは部位によって硬さや厚みが異なり、その特徴を活かした料理法が理想的である。たとえば、もっともやわらかい穂先部分は吸い物やあえ物に、中央部は煮物、炊き込みごはん、木の芽あえ、やや硬くて歯ざわり感の強い根元は炒め物、天ぷらなどとして料理できる。

ここではタケノコ料理について紹介する（料理の材料はすべて四人分）。和風料理は京都府筍生産協議会資料より、洋風料理は福岡県特用林産振興会、ＪＡふくおか八女「博多ヘルシー穂先タケノコご馳走レシピ」よりの引用である。

❶ 下ごしらえ

甘み・うまみは急減、エグ味は急増

エグ味は春の山菜類の多くに含まれており、ほろ苦さであれば春の味といえるが、過度になると食

味が著しく減退する。京都府立大学の南出隆久教授は、タケノコの生長とエグ味の関係について次のように述べている。

「タケノコの呼吸量はトマトの一三倍、ジャガイモの四六倍と活発な呼吸をしながら竹になっていき、その分、エネルギーの消耗も激しく、甘み成分のグルコースが一時間に一〇分の一ずつ減り、うまみ成分のアミノ酸も失われる。いっぽう、タケノコを竹へと生長させ、強くするアミノ酸のチロシンが、エグ味成分のホモゲンチジン酸に変わり、三日もすれば三~四倍になる。」

このことから、タケノコ本来の風味を保つには、産地で掘りたてをゆでることによって、甘みやうまみの分解を止め、エグ味の増加も防げる。

米ヌカで四〇分前後ゆでてアク抜き

一般家庭では店舗での購入が多く、掘ってからの時間もまちまちなため、アク抜きが必要である。

[材料の調整] 根元のイボや硬い部分は包丁で削ぎ取り、身のない穂先を斜めに切り落とす。縦に切れ目を入れれば熱が通りやすく、ゆがき上がって皮がむきやすくなる。

[ゆがき] 大きめの鍋にタケノコが隠れるくらいの水を入れ、米ヌカ一カップとタカノツメを一~二本加えて、落としぶたをして四〇分前後ゆでる。なお、米ヌカが手に入らない場合には、米のとぎ汁で代用できる。

［冷まし］ 根元に竹串を刺して通るようになったらゆで上がり。ゆで汁に入れたまま冷まし、冷めたところで皮をむく。すぐに料理しない場合には、水を張ったふたつき容器に入れ、冷蔵庫で二～三日間の保存ができる。

❷和風料理

●タケノコごはん

【材料】

米 カップ三杯、ゆでタケノコ 三〇〇g

調味料A…だし汁カップ三／四杯、酒一杯半、砂糖 小さじ一杯半、薄口しょうゆ 大さじ二杯半

調味料B…薄口しょうゆ 大さじ一杯、酒 大さじ二杯半

【料理法】

①米は炊く一時間前に洗って、ザルにあげておく。

②ゆでタケノコの穂先の部分は縦に薄く切り、あとは縦に二～四つに切って、横に薄く切る。

③調味料Aを合わせた中にタケノコを入れ、弱火でしばらく煮て十分に味をつけ、ザルに上げて煮

汁をきる。
④釜に米を入れ、水加減はタケノコの煮汁に追加して調味料Bを加え、カップ三杯半になるように水を足し、普通に炊き上げる。
⑤よくむらしてから全体に混ぜ、煮ておいたタケノコを少しずつ混ぜ合わせながら、おひつにとる。

●木の芽あえ

【材料】
ゆでタケノコ二〇〇g、煮汁…だし汁 カップ一/四杯、しょうゆ 小さじ二杯、砂糖 小さじ一杯
木の芽みそ…白みそ大さじ三杯、砂糖 大さじ一杯、だし汁 大さじ一杯、木の芽四~五枚、ホウレンソウ一株

【料理法】
①タケノコは一cmくらいに切り、煮汁でさっと煮る。
②ホウレンソウの葉先を色よくゆで、水をきってみじん切りにする。
③木の芽をすり鉢でよくすり潰し、②のホウレンソウを加えてすり合わせる。ここに白みそと砂糖、だし汁を入れ、さらに滑らかにすり合わせる。
④タケノコの汁をきって、③の木の芽みそを入れてあえる。

⑤好みにより芽タデを添える。

●タケノコの吸い物

【材料】

ゆでタケノコ先端部八〇g、干しわかめ四g、だし汁 カップ三杯半、塩 小さじ一杯、しょうゆ 小さじ一杯、木の芽四枚

【料理法】

①わかめを水につけて戻し、筋を取って二cmくらいに切る。
②ゆでタケノコ先端部を薄く縦に切る。
③だし汁に味をつけ、その中にわかめとタケノコを加え、二〜三分煮る。
④椀に盛り、木の芽を吸い口に添える。

●わかたけ煮

【材料】

ゆでタケノコ六〇〇g、干しわかめ一二g、だし汁 カップ二杯半、木の芽少々、砂糖 大さじ一杯、しょうゆ 大さじ二杯半

【料理法】
①わかめは戻して、ざく切りにする。
②タケノコの太い部分は半月切り、穂先に近い部分は縦切りにする。
③鍋にだし汁を入れ、タケノコと調味料を加え、二〇～三〇分間煮ふくめてから、わかめを加えひと煮する。
④器に盛りつけ、木の芽を添える。

❸洋風料理

●穂先タケノコと小えびのドリア

【材料】
むき小えび一四〇g、バター大さじ一杯、塩・こしょう少々、白ワイン大さじ一杯
穂先タケノコ一二〇g、タマネギ八〇g、マッシュルーム五〇g、バター大さじ一杯
A（ホワイトソース材料）…バター大さじ二杯、小麦粉 大さじ四杯、牛乳五〇〇cc、塩・こしょう少々
冷飯三二〇g、バター大さじ一杯、トマトケチャップ大さじ二杯、ピザ用チーズ三〇g

【料理法】

①穂先タケノコは三cm長さに切り、タマネギはみじん切り、マッシュルームは薄切りにする。小えびは水気をきっておく。

②バターを溶かし、小えびを炒めて塩・こしょうし、白ワインを振りかけ蒸し煮する。

③別にバターを溶かし、まずタマネギをよく炒める。次にマッシュルームを加えて炒め、穂先タケノコを加えて炒める。これを②と合わせる。

④Aでホワイトソースを作り、③を混ぜ込む。

⑤冷飯をバターで炒め、ケチャップを混ぜる。

⑥グラタン皿にバターをぬり、⑤を入れ④をかけてピザ用チーズを散らし、オーブンで焦げ目をつける。

●穂先タケノコとゆで卵のスープ

【材料】

穂先タケノコ七〇g、卵二個、白ネギ一〇cm、サヤエンドウ四枚、スープ七〇〇cc、塩・こしょう少々、しょうゆ 少々

【料理法】

①穂先タケノコと白ネギは、五㎝の長さに細切りする。卵は固ゆでにし、花形切りにする。サヤエンドウは塩ゆでにし、斜め細切りにする。

②スープを火にかけ、穂先タケノコを入れ、沸騰したところで調味する。白ネギとサヤエンドウを散らし、火を止める。

③器に花形の卵を盛り、①を注ぐ。

第5章

副産物「伐竹材」の活用

林内に積んだらタケノコが収穫できない

タケノコ生産では、老齢化した五年目の竹を毎年伐竹して、新たな竹と更新する作業を行なうが、その本数は全本数の約五分の一となる。たとえば、一〇a当たり二〇〇本の親竹本数であれば四〇本、三〇〇本であれば六〇本の伐竹が親竹更新の基本である。したがって、タケノコ生産林から毎年伐採される竹の利用が円滑に進まないと林内などに山積みされ、タケノコの収穫にも支障が出てくる。

竹材の主要な用途は、昔から、農業用に果樹園支柱、覆茶支柱、稲掛け、物干しなど、水産用に海苔・かき養殖支柱竹、浮竹、網干し竹など、建築用に小舞竹（エツリ竹）、人工四角竹など、造園用に庭園の垣根や公園緑化木支柱竹など、竹細工として竹箸、かご類、盛器や花筒、簾など、防護用に堆砂垣、坑内防護竹など、パルプ用に各種の紙などがあった。竹材は、スギやヒノキなど針葉樹材と比べて軽いわりに強度もあり、多様に利用されてきた。

しかし、今は塩化ビニールや鉄骨などの代替材が多く出回るようになった。今後、大量に消費が見込まれる分野として、粉砕化して自動車の内装材、食器、衣料にするなど、工業的な利用も検討されている。

1 そのまま丸竹・割材として利用

❶タケノコ生産資材

●筋置き

伐竹した竹材を林内で有効に利用する方法として、二〜三m間隔で等高線に沿って筋置きする事例が多くなっている（図74）。

伐竹した竹材を枝払いして、七〜一〇m長さに玉切りし、それを等高線沿いにある切り株を利用し、切り株がなければ杭打ちし、二〜三本ずつ並べる。筋置きのメリットとして、肥料や土砂の流出防止（特に大雨時）、作業の安全性向上（特に急傾斜面）、肥料散布や収穫など作

図74　筋置き竹林

図75　竹枝を使ってイノシシ侵入防止柵を作る

業範囲の目安になる、などがある。

ただし、連続して同じ箇所に筋置きすると、そこに土壌や落ち葉が溜まり、地下茎が重なりあって伸長するので、タケノコの収穫が困難になりやすい。そのため、筋置きした竹材が腐朽してきたら、新たな筋置き箇所を上下にずらしてやる。

●イノシシ侵入防止柵

イノシシ侵入対策として、電気柵やトタンを張り巡らすなど、種々の方法がとられているが、竹材や竹枝を利用した方法も効果が見られる（図75）。

二mくらいの玉切り材の先を尖らせ、竹林の周囲に間隔約二m、幅約五〇㎝で二列に杭打ちする。最下枝部位で切った竹材を二列の杭内に

図76　伐竹材を使ったハウス

高さ一〜一・三mまで積み込む。地表面に凹凸のある箇所はイノシシが侵入することもあるので、補修を行なう。翌年以降も同じように、伐竹材を積み重ねていく。

竹によるイノシシ進入防止柵のメリットとして、伐竹後の枝払いやその収集などの手間が省ける。さらに、積み重ねていくほど侵入防止効果が高まるので、毎年の伐竹材の処理場所となる。

●簡易ハウスの骨材

モウソウチクの竹材は、マダケやハチク材よりも肉厚のために強度があり、割竹にすれば林内で早出し用の簡易ハウス材が調達できる（図76）。畑地ではレタスなどのトンネルハウスの割竹としての利用も多く見られる。

❷竹炭・竹酢液

木材を原料とした炭化処理は大正年代から急激に伸び始め、昭和十年代に最盛期となったが、その後、ガス・石炭・石油など代替燃料の普及で減少している。

竹の炭化処理は木材に比べて歴史が浅く、竹林の放置による異常繁殖が急増した平成にはいってであり、竹炭ブームまで見られた。

伏せ焼きから炭化炉まで、簡易な炭化法

炭化とは竹の主要成分であるセルロースやリグニンが熱分解されることであり、それによって竹の細胞が多数の孔として残っているのが竹炭である。この孔も大小あり、大きな孔には糸状菌、小さい孔には放線菌、さらに微細な孔にはバクテリアなど、多様な微生物が棲む環境となり、種々の働きをしてくれる。

炭化にはさまざまな方法があるが、身の周りにある資材を使って焼く方法に「伏せ焼き法」「ドラム缶法」があり、また、専用の窯を購入して、どこでも焼ける「移動式炭化炉」などもある。

【伏せ焼き法】 もっとも簡単な炭焼き方法である。水平な地べたに一×二mくらいの広さに三〇cm

図 77　ドラム缶を利用して竹炭を作る

くらいの穴を掘り、焚口と排煙口を設けて、竹材を直接積み上げ、その上にトタン板をかけ、土を盛る。

【ドラム缶法】　二〇〇ℓ入りのドラム缶を横型に据え付け、焚口と排煙口を設け、八〇㎝くらいに玉切りした竹材を詰め込む方法である（図77）。

【移動式炭化炉】　林野庁林業試験場（現在の森林総合研究所）で考案された炭化炉で、二つまたは三つに分解できる。丸竹で約一〇〇〇kg（親竹本数で約三〇～三五本分）の竹材が、八～一〇時間で一〇〇～一五〇kgの竹炭になり、竹酢液四〇～五〇ℓが採取できる。

土壌改良、床下調湿、臭い消し、防除に

炭は昭和六十一年、政令三五四号の地力増進法で土壌改良資材に認定されている。農業では竹炭が持つ多孔質の特性を活かして土壌改良、豊富なミネラ

表13　竹に含まれる灰分（ミネラル）（%）

竹種	ケイ酸	硫酸	石灰	マグネシウム	カリ	鉄	リン酸	マンガン	ソーダ
モウソウチク	14.0	2.2	2.8	3.8	27.5	8.5	2.4	1.4	33.9
マダケ	12.2	1.7	1.8	0.9	12.7	4.8	1.6	1.6	56.2

（福原節雄ほか『農芸化学』1939より）

図78　竹炭を床下調湿材として利用

ルなどによる増収・品質向上、保温性による稲作の冷害緩和、園芸用土の透水性や通気性・保水性を高める資材などとして利用されている（表13）。

建築や住宅関係では、竹炭が持つ湿度の調整作用を活かした床下調湿材として、室内では冷蔵庫・下駄箱の臭い消しなどとして利用されている（図78）。また、最近は竹炭を利用した焼き鳥や焼き魚店なども多く見られる。これらは炭火から出る赤外線の効果で熱の通りが早くなり、表面の組織がかたく締まって、おいしさの成分グルタミン酸が外にしみ出ないためともいわれている。

さらに、竹炭を焼くときに出る煙を冷却することで得られる副産物「竹酢液」

は、酢酸を主に二〇〇種類以上のさまざまな成分が含まれ、多方面に利用されている。農業分野では土壌改良、作物の生長促進、殺虫および病害対策、小動物の忌避剤、畜産では鶏舎などの消臭資材として利用されている。最近では精製を高め、化粧品や健康飲料などとして研究され、実用化されている。

❸ 加工竹材

竹材の割裂性、弾力性、収縮性、中空性

竹材は日用品を中心として多方面に利用されてきた。木材にはない、次のような特性がある。

［割裂性］ 丸い竹から竹かごなど種々の製品ができるのは、割裂性すなわち縦方向に容易に分割できる特性に富んでいるためである。たとえば直径二cmのマダケが八〇等分以上に分割されて茶筅に利用されている（図79）。

［弾力性と湾曲性］ 竹は大きさ（直径）と節間（長

図79 竹の割裂性を活かした多様な竹製品

表 14　竹材と木材の機械的性質の比較

樹　種	曲げヤング係数 (GPa)	曲げ強さ (MPa)	圧縮強さ (MPa)	引っ張り強さ (MPa)	せん断強さ (MPa)
モウソウチク	12	140	76	170	17
マ ダ ケ	15	160	73	240	17
ス　　ギ	7.4	64	34	88	5.9
ヒ ノ キ	8.8	74	39	120	7.4
ケ ヤ キ	12	98	49	130	13
シラカシ	14	120	59	200	18

各数値は大きいほど高い性質を持つことを意味する。
（内村悦三『竹の魅力と活用』平成１６年、創森社より）

さ）、さらには中空の大きさとバランスが微妙にとれているため、木材などと比べて弾力性や湾曲性が高い。この弾力性は竹齢を増すごとに増加し、四〜五年生を越えるとその差が少なくなる。この特性を利用したのが釣り竿、弓、熊手などである。

［収縮性］　竹が物差しや計算尺に利用されるのは、収縮性が非常に少ないためである。たとえば木材と比べると、半径方向（厚さ方向）では大差ないが、接線方向（幅の方向）および幹軸方向（長さ方向）では五分の一〜一〇分の一である。また、接線方向に対する半径方向を比較してみると木材では約二倍となるのに対し、竹では逆に二分の一と少なく、特に幹軸方向では〇・〇四％と極めて少ない。

［中空性］　竹は中空で節間と節からなっているために、木材などに比べ、軽いわりには重荷に耐える特性がある。この特性を活かし、丸竹のままで使用するものに杖・旗竿・竹梯子など、中空と節を利用したものに筆立て・茶道用のしゃくなど、中空を利用したものに尺八・横笛・鳥笛などがある。

積層材、平板、構造材、粉末成形材に

　モウソウチクの強度性能はスギ・ヒノキよりも高い（表14）。特に曲げ強さ、圧縮強さ、引っ張り強さなどに優れている。これらの性能を活かした取り組みもあり、大量の需要が見込まれる新たな分野の研究が進められている。

［板目状の積層材］　竹を木材と同様に板目状に木取りし、これを幅方向と厚さ方向に積層・接着して大きな板を作り、フローリング材として実用化されている（図80）。

［円筒状の竹を平板化］　円筒形の竹を高周波加熱や温水浸漬などの処理を行なって平板化し、合板や平板として利用されている。

［柱などの構造材］　竹を割り箸状にカットし、これを加圧・接着して、任意の大きさの構造材を作る。体育館など大型施設などに一部で使用されている（図80）。

図80　強度に優れる竹の構造材

［竹粉末などを成形］　伐採竹を粉末化した竹繊維とトウモロコシを原料に、植物由来の生分解性樹

脂で成形した竹食器の製造が試作され、学校給食用に検討が進んでいる（155ページ図85参照）。

適期伐採、乾燥で害虫・カビを防ぐ

竹材は粗タンパク質やデンプンなどを含んでいる。これらの栄養分を好むチビタケナガシンクイ、ニホンタケナガシンクイムシなどが、伐採後の竹材や竹製品に産卵・食害すると、まったく使用できないこともある。また、竹材や竹製品にはカビ（アオカビ・キカビなど）が発生しやすい。

この対策として次のことに注意する。

【伐採年齢】 虫害は若齢竹ほど少なく、四年生以上になれば多くなり、弾力性も劣ってくるので、二～三年生の竹を使用する。

【伐採季節】 一年の生育が終わりに近い晩秋から初冬（十一～十二月）が竹の伐採適期で、特にマダケでは十一月いっぱいが伐採の最適期である。

【乾燥させる】 竹材の含水率を一三～一五％くらいに下げるだけでも防カビ効果が高まる。さらにポリエチレンの袋に入れておくと一年経過してもカビが発生しない。含水率二〇％以下ならカビは寄生しない。

【油抜き】 害虫やカビなど微生物の栄養源となるタンパク質、糖質が除かれるため、防虫・防カビになる。同時に竹材は乾燥が容易となり、材質が硬く、保存性も高まる。油抜きの方法としては、一般的には火にあぶり、ろう脂質をにじみださせ、ただちに拭き取る乾式法、苛性ソーダ〇・〇五～〇・一%の溶液で約一〇分煮沸して拭き取る湿式法がある。

2 粉砕して堆肥化・飼料化

豊富なデンプンやショ糖などが長所に

竹は搬出・販路に便利な里山に分布している。この竹資源を有効に利用するため、大量に伐採できる大型重機や、多様な機種の粉砕機が開発されている。そして、竹堆肥を利用した環境に優しい循環型農業の動きが各地で始まっている。

竹にはデンプンやショ糖などが含まれているために伐竹時期を誤ると、虫やカビが発生しやすい。しかし、これらの成分は微生物にとって栄養分であり、竹堆肥作りにとっては、

図81 竹チップによる堆肥作り

図 82　粉砕機の開発で整備が進む竹林

むしろ長所ともいえる。

家畜糞を使った堆肥作りでは臭いが問題になるが、竹堆肥は軽いアルコール臭程度で、何ら近隣への支障もない。しかも竹粉は軽く、運搬や積み込み、切り返しなどの作業も容易なので、自家用堆肥作りに誰もが取り組める（図81）。

竹の粉砕方法はチップ形状の違いで三つに分けられる。チップ化、それを高圧処理して膨潤化、もしくは微粉末化で、目的に応じた機械が選択できる（図82）。竹材の堆肥化を目的とする場合は、チップ形状が二～八㎜程度のもので十分であり、処理能力も高い。

伐竹後、粉砕、積み込み、切り返し

［伐竹後できるだけ早く粉砕］　材が乾燥すると粉砕の手間がかかるばかりか、積み込み後の微生物の働きも鈍り、完熟するまでの期間が長くなる。また、竹材

表15 竹材の成分分析（モウソウチク竹稈の乾物重当たり％）

水分	窒素	リン酸	カリ	炭素	C／N比
8.80	0.08	0.05	0.07	38.48	222.06

佐賀県農業試験研究センター「竹のかけはし実証事業青果」平成17年より

図83 竹チップの堆肥化（例）

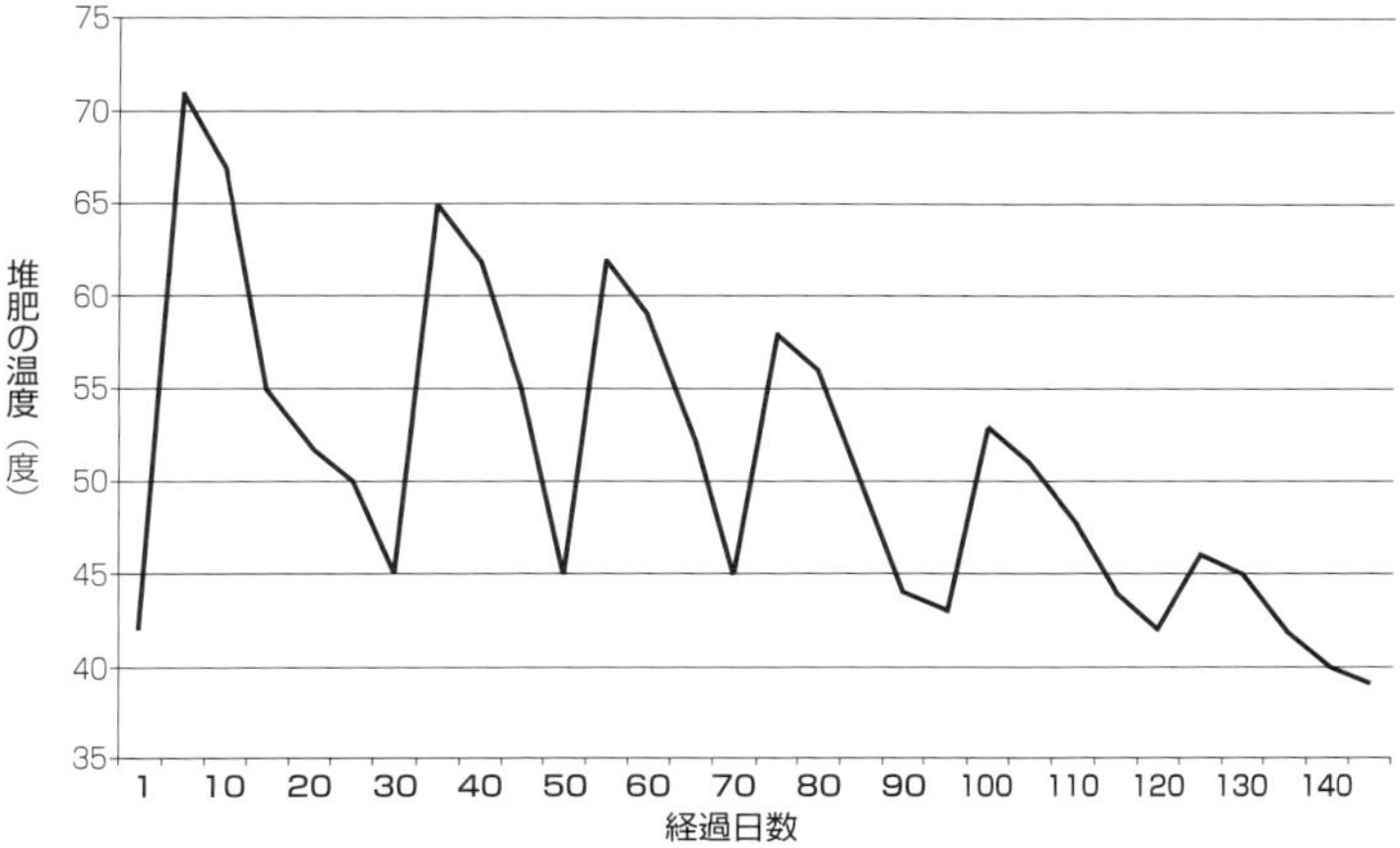

片が太すぎたり、長すぎても発酵にバラツキが見られ、堆肥化に長期間を要するため、稈・枝葉ごと二〜八㎜に粉砕する。

［粉砕後ただちに積み込み］ 粉砕後二〜三日目には四〇〜五〇度の熱をもつので、ただちに堆肥舎に積み込む。このとき、副材料として土着菌（後述）や、C／N比を調整するために油カスや骨粉、米ヌカ、鶏糞などを混合する。C／N比とは炭素と窒素の比で、竹は窒素が少なく、炭素が多い（表15）。そのため、C／N比が二〇以下になるよう、窒素の多い油カスなどを混入する。窒素の少ない竹だけの堆肥を施用すると、土壌中の窒素分が横取りされ

て窒素飢餓をおこし、作物は栄養不足で枯れてしまう恐れがある。

【一〇日に一回切り返し】 積み込み後三～四日目には六〇度以上の高温となるが、その後一〇日くらいすぎると四〇度くらいにまで降下する。これは堆肥内の酸素不足や乾燥によって微生物の働きが鈍ったためで、酸素補給のために切り返すと同時に、散水によって水分調整を行なう。これ以降も温度上昇と降下を繰り返すので、一〇～一五日を目安に切り返しや散水を七～八回繰り返す（図83）。なお、微生物が好む水分状態は約六〇％である。特に表面の水分不足に注意する。

【約半年で出来上がり】 切り返しや水分調整をしながら堆肥温度が三五度前後に落ち着いてきたときが完熟堆肥の目安となる。完熟堆肥までの早い遅いは、切り返しと水分調整のやり方で決まるが、順調に進めば約六カ月で完熟堆肥となる。

竹林内の土着菌を使って発酵を促す

竹林内には土着菌が豊富で簡単に増殖でき、これを竹チップに混合することで、より安定した発酵を促すことができる（図84）。

土着菌の採り方は、

①三年竹を地上約三〇cmで切断し、ご飯を詰めるために一～二節を抜く。

②一～二節を抜いた切り株に茶わん一杯のご飯を詰め、雨水がはいらないようダンボール箱で覆う。

図 84　竹の切り株に見られる土着菌

③二〇〜三〇日間放置しておけば、種菌としての土着菌が採集できる。
土着菌の増やし方と使い方は
①土着菌と米ヌカを混合し、砂糖水（黒蜜）で約六〇％の水分状態となるように調整する。
②約二〇〜三〇日で菌糸が蔓延するので、竹チップの積み込み時に副材料と同時にバラマキ散布する。
③すぐに使わない場合には天日で乾燥し、広口ビンなどに入れ、冷暗所で保存する。

竹堆肥で作物の収量・品質がアップ

竹堆肥の施用によって土壌の団粒化が進み、微生物の働きが活発化して植物の根茎が充実、気象害や病害虫に対する抵抗性が高まり、食味・色・糖度などが向上するとともに、減農薬・減化学肥

表16　竹を主とした堆肥の分析結果

pH	7.27
EC（mS）	1.25
全炭素（%）	46.3
炭素率（C/N）	30.7
全窒素（%）	1.51
全リン酸（%）	1.32
全カリ（%）	1.18
石灰（%）	0.99
苦土（%）	0.56

JA全農ふくれん土壌診断センター分析

料栽培が期待できる（表16）。

ここでは竹堆肥の製造と利用例を紹介する。

材料は重量比で竹チップ五五・五%、完熟牛糞三八・九%、竹炭〇・九%、土着菌および油カスそれぞれ一・九%、モミガラ〇・九%、完熟堆肥化までの日数は一五五日間、切り返し一〇回である。

この竹堆肥を栽培用土に一〇%と二〇%入れ、ラディッシュを育てたところ、無使用区の一六・二gに対して一〇%混入区では二〇・六g（無使用区に対する指数一二七）、二〇%混入区では二一・七g（同一三四）と肥大効果が見られた。

竹を粉砕して肉用牛、肉用鶏の飼料に

家畜の粗飼料は、農業の機械化や水田利用再編にともなう稲作の減少でイナワラが著しく不足するなど、大量輸入でまかなわれている。いっぽう、竹材や間伐材など木質系資源が使用されないまま放置され、その飼料化が強く求められている。

徳島県肉畜試験場では、昭和六十年に三七・七週間にわたって肉用牛の粗飼料源として竹を解繊処理して給与したところ、疾病の発生もなく順調に増体し、嗜好性もよいことが報告されている。熊本県農業研究所、鹿児島大学農学部畜産学科などでも、竹材飼料の栄養評価、嗜好性、給与方法など、実用化に向けての研究が行なわれている。

肉用鶏では、静岡県中小家畜試験場で竹の繊維質に着眼し、竹の微粉末に乳酸菌を添加、サイレージ調整し、出荷二週間前の肉用鶏に一日一羽当たり約一〇gを与えたところ、糞便から発生する臭気が低減する、盲腸内容物の大腸菌群数が減少していることから腸内環境の改善効果が期待される、との結果が得られている。

以上は粉砕化したものを飼料にした研究事例で、ほかに炭化しての給与、敷料利用の事例も見られるが、いずれの場合も材料の質や均一性、定量供給、価格などクリアしなければならない課題がある。

3 大量需要が見込める新用途

国産竹チップを製紙用パルプ原料に

「紙の消費は国民の文化水準と比例する」といわれ、その製造の歴史も長く、中国では二〇〇〇年前からともいわれている。竹を製紙原料として使用しているのは、竹の多い中国・台湾・ベトナム・インドなどで、竹は重要な資源となっている。

わが国での竹の紙作りの歴史は浅く、昭和二十三〜三十六年に山口県萩市に唯一のパルプ工場があり、年間六二万束の竹材を消費していた。しかし、当時、竹材は日用品として多様な竹細工が盛んな頃であり、製紙原料として思うように集まらず、生産は休止された。その後、大手製紙会社が熊本県八代市の工場で、木を主に竹を混ぜ、紙質をよくするなど研究したが、ここでも原料竹が思うように集まらず、生産は休止された。

現在、竹チップを利用しての製紙は、ある大手製紙会社の鹿児島県川内工場で、平成十一年から竹単体あるいは木材と混合したパルプによる紙が生産されている。しかし、パルプ原料チップの価格は、海外から大量に輸入されるもののほうが国産竹チップよりも約三〇%安いため、大量生産が困難な状況にある。今後は原材料の竹材をいかに大量に、安定した供給体制ができるかが、大量消費につながる大きな課題となっている。

繊維を活かし、学校給食用の食器に

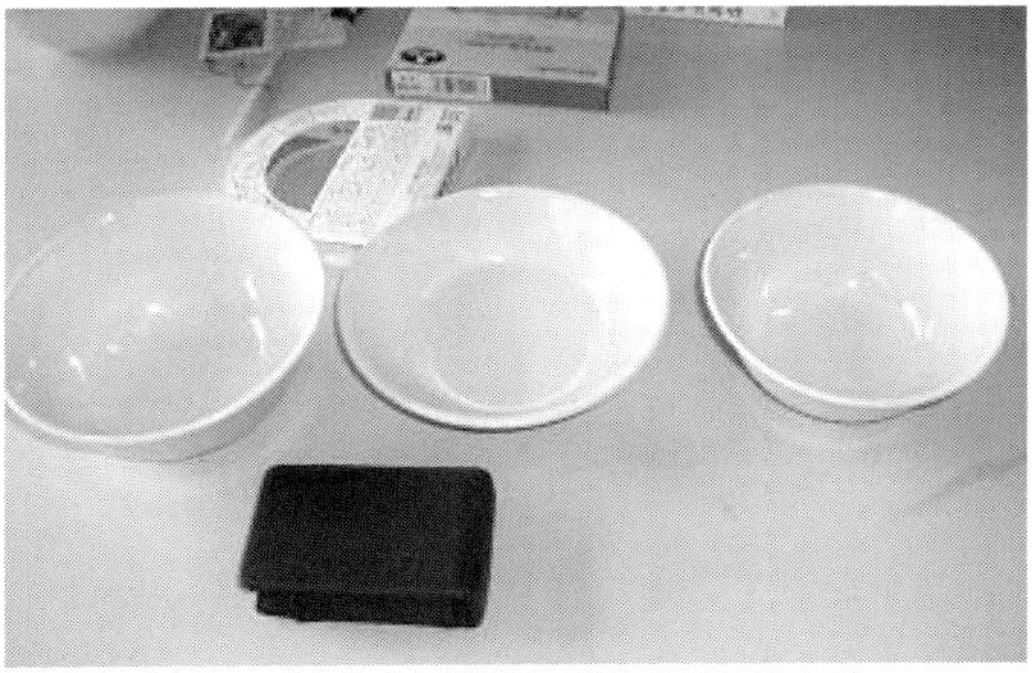
図 85　竹チップと生分解性樹脂で作られた竹食器

現在、石油資源の枯渇が問題視されているが、学校給食用食器の多くは石油由来の化学樹脂食器が使用されている。竹食器は石油由来樹脂から脱却し、植物由来樹脂に転換することで、竹の有効利用が高まり、環境の保全にもつなげる目的で取り組みが始まっている。放置林などから伐採された竹から繊維を取り出し、これに生分解性樹脂（ポリ乳酸）を混煉した低環境負荷型樹脂ペレットを製造し、成型加工したのち、表面処理した食器である（図85）。

竹食器と従来のポリカネート製給食食器の資源採掘から廃棄に至る環境負荷を評価した結果では、竹食器の二酸化炭素の発生量は約三〇〇ｇであるのに対して、ポリカネート製は約一〇〇〇ｇと七〇％の排出量削減となり、環境に優しい製品であることが定量的に示されている。

竹を工業原料としてみた場合、「天然のガラス繊維」ともいわれる繊維特性があり、再生産可能でリサイクル性が高く、燃やしてもダイオキシンなどの公害が少ないなど、新たな素材として開発研究が進められている。

暖房などのバイオマスエネルギーに

環境に優しい循環型社会形成の一環として、再生力の高い竹をバイオマス資源に活用する取り組みが、竹資源の多い西日本地域を中心に進められている。バイオマスエネルギーもその一つで、バイオマスタウン事業や単独事業などで展開している事例も見られている。バイオマスエネルギーでの利用も、ガス化・電気・熱（水蒸気）・メタノール・竹精油などさまざまで、これらを組み合わせた利用になれば、より効率がよくなる。

たとえば、バイオマスボイラーによるハウスの暖房では、バイオマス材料を定量供給機に投入し、熱ガス発生炉で乾燥、完全燃焼、ガス化する。それが排熱ボイラーから熱（蒸気）利用する施設へ送り込まれ、施設内の暖房が行なわれる（図86）。バイオマス材料に竹チップを使用する場合、ハウス栽培では一時間当たり約六〇kg（〇・二立方メートル）で、二五万カロリーの温風が供給される。

図 86　竹チップを用いたバイオマスボイラー

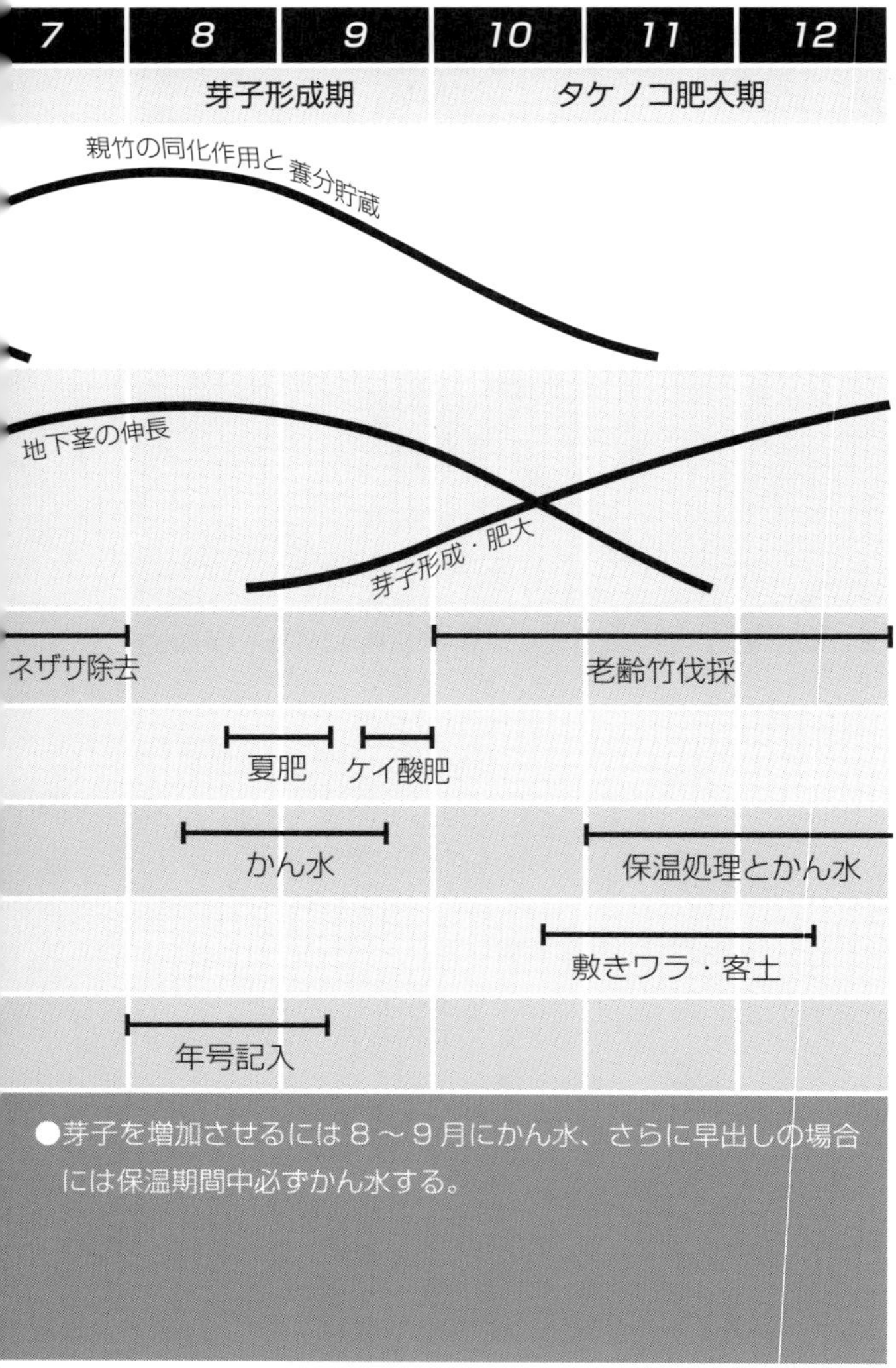

●芽子を増加させるには８～９月にかん水、さらに早出しの場合には保温期間中必ずかん水する。

タケノコ栽培暦

月	1	2	3	4	5	6
生長			タケノコ発生・収穫期		親竹・地下茎伸長	

竹の動き
- 地上部: タケノコ発生 → 葉替わり → 新竹生長と枝葉充実
- 地下茎: （6月頃から伸長）

項目	時期
親竹管理	新竹仕立て(4月)、ウラ止め(5月)、不要新竹(6月)
施肥管理	元肥(2月)、ケイ酸肥(4月)、お礼肥(5月)
早出し施業	保温処理とかん水(1〜3月)
高品質施業	
その他	落葉集積(2〜3月)、穂先タケノコ収穫(5〜6月)

摘要

- 親竹の本数は200本/10aを標準とし、5年目の竹を40本伐採、翌春親竹40本を仕立てる。
- 施肥は1000kg/10aを目標とする場合、肥料成分で窒素20kg、リン酸10kg、カリ12kg、ケイ酸16kgが必要。これを2・5・8月に分施、早出しでは3・10月にも施す。

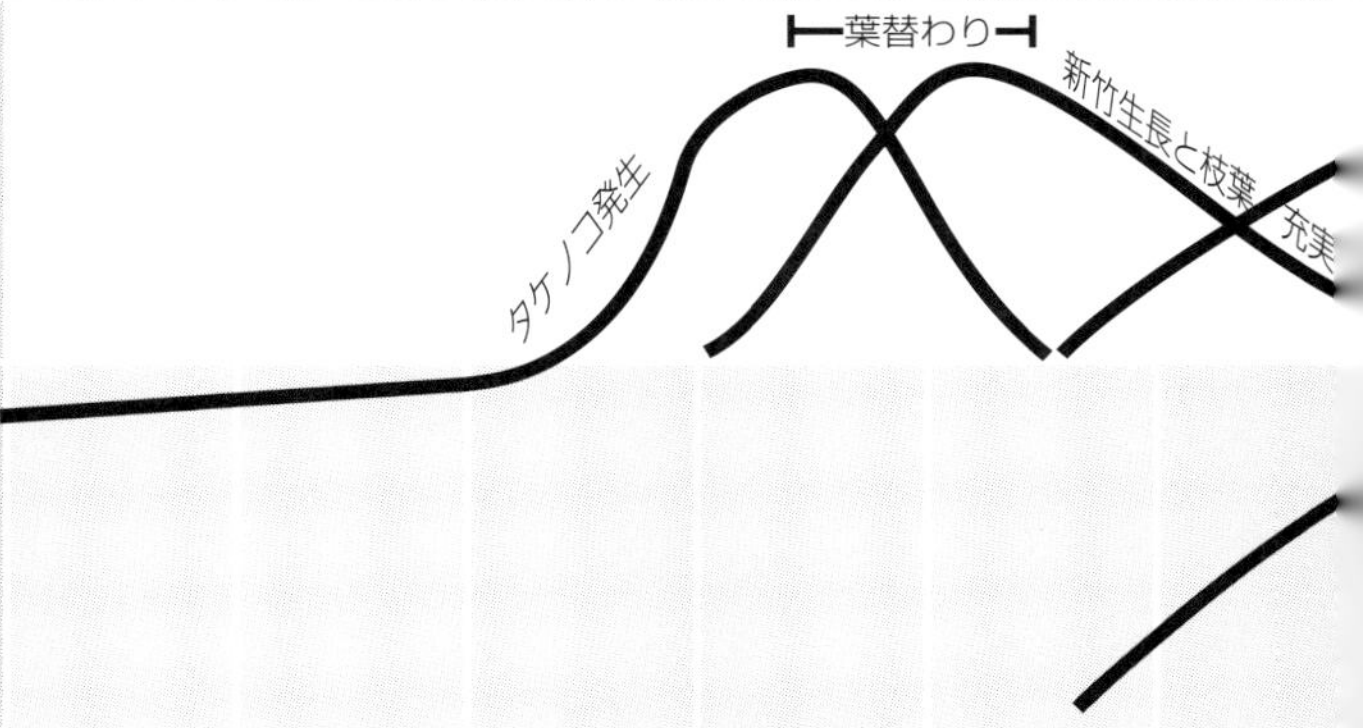

著者略歴

野中 重之（のなか しげゆき）

昭和16年、福岡県生まれ。

東京農業大学卒業後、福岡県甘木農林事務所、福岡県林業試験場、福岡県森林林業技術センター勤務、平成14年に退職。

現在は福岡県特用林産振興会顧問、竹林利活用アドバイザー。

◆新特産シリーズ◆
タケノコ―栽培・加工から竹材活用まで

2010年2月28日　第1刷発行
2019年6月5日　第4刷発行

著者　野中重之

発行所　一般社団法人農山漁村文化協会
郵便番号　107－8668　東京都港区赤坂7丁目6－1
電話　03－3585－1142（営業）　03－3585－1147（編集）
FAX　03－3585－3668　振替　00120－3－144478
URL http://www.ruralnet.or.jp/

ISBN 978-4-540-09255-8　DTP制作／條 克己
〈検印廃止〉　印刷／光陽メディア

製本／根本製本
Printed Japan
定価はカバーに表示

乱丁・落丁本はお取り替えいたします。